¡No me entendéis!

Un viaje a la neurociencia adolescente

Sara Vázquez Ugidos

¡No me entendéis!
Un viaje a la neurociencia adolescente

Primera edición: 2024

ISBN: 9788410089075
ISBN eBook: 9788410089631

© del texto:
   Sara Vázquez Ugidos

© del diseño de esta edición:
   Caligrama, 2024
   www.caligramaeditorial.com
   info@caligramaeditorial.com

Impreso en España – Printed in Spain

*Dedico este libro a aquellos que,
como estrellas en el cielo, me dan
fuerza y me acompañan en mi camino
desde lo alto, en un vínculo infinito.*

A mis adolescentes.

*Vosotros, los verdaderos héroes de
esta historia, habéis compartido vuestros
mundos internos con una valentía
inquebrantable. Habéis confiado en mí
para revelar vuestras pesadillas más
profundas, vuestras experiencias más
íntimas y vuestros miedos más ocultos.
Vuestras voces son la esencia de este
libro y vuestra confianza en mí para
darles vida y significado es un honor
que llevaré siempre en el corazón.*

*A mis queridos artistas, mis
alumnos que han compartido sus
dibujos para formar parte de esta
aventura. Vuestra creatividad y talento
son verdaderamente admirables.*

*A vosotros, padres, familiares y
amigos, que tampoco os sorprendió
demasiado, porque sabéis que
soy impredecible y que siempre
puedo dar una sorpresa.*

Este libro surgió de manera inesperada, internacional y apasionante y no podría haber llegado hasta aquí sin vuestro apoyo. Vuestras palabras de aliento y vuestra confianza en mí han sido fundamentales mientras navegaba por este mundo tan complejo. Vuestra fe en mí es un tesoro que valoro enormemente. A cada uno de vosotros, gracias desde lo más profundo de mi corazón.

A la Sara del pasado por concebir ideas osadas, a la Sara del presente por tener la valentía necesaria para llevarlas a cabo y a la Sara del futuro, que ya me dirá qué agradecer.

Prólogo

Cada día, me encuentro rodeada de cientos de adolescentes: su energía vibrante, su carisma contagioso y esos ojos que reflejan la intensidad de sus emociones. Algunos rebosan vida, mientras otros parecen perdidos en la neblina de la incertidumbre. Esta danza entre la luminosidad y la sombra me inquieta profundamente. Con el tiempo, no puedo evitar notar cómo esas miradas apagadas, marcadas por el dolor, parecen multiplicarse, como si la oscuridad ganara terreno.

Me cuestiono constantemente: ¿qué estamos haciendo mal? ¿Qué se esconde detrás de esas mentes adolescentes? Decidí sumergirme en la vorágine de sus pensamientos y emociones, con la firme determinación de comprender. Así comencé este proyecto, con el propósito de desentrañar los misterios que yacen en el corazón de esos cerebros en pleno proceso de transformación. Mi esperanza era ofrecer herramientas tanto a padres como a educadores y, sobre todo, a esos jóvenes que merecen crecer en todo su esplendor.

Lo asombroso fue descubrir que la magia estaba ocurriendo con «mis adolescentes». Este libro se transformó en un diálogo, un espacio donde se sintieron escuchados y validados y donde hallé un crecimiento personal invaluable.

Desde explorar la complejidad de la estructura cerebral hasta sumergirnos en temas como rebeldías, trastornos alimentarios, TDAH y TDA, o el desafío del «no puedo», estas páginas representan un recorrido completo. No solo proporcionan información, sino que ofrecen una invitación a crecer juntos, reflexionar, reír y, quizás, soltar algunas lágrimas.

En este libro, cada palabra es un paso hacia la comprensión mutua, una conexión más profunda con los adolescentes que están forjando su propio camino. Pero hay más: nos aventuramos más allá de la ciencia, sumergiéndonos en las experiencias reales de los valientes adolescentes, alumnos y exalumnos del Colegio Leonés de León. Testimonios auténticos que humanizan y hacen tangible la ciencia.

Así que, los invito a sumarse a este emocionante viaje compartido hacia el entendimiento y el crecimiento.

Capítulo 1

DESCUBRIENDO EL PODER EN TU INTERIOR: UNA PERSPECTIVA NEUROCIENTÍFICA

Sumergirse en la reflexión sobre el fascinante mundo de la mente humana a través de la lente de la neurociencia es como abrir las puertas a un reino desconocido, lleno de maravillas y posibilidades infinitas. Al adentrarnos en la inmensidad de nuestro cerebro, no solo exploramos los mecanismos biológicos que gobiernan nuestras experiencias, decisiones y emociones, sino que también destapamos la clave para desatar un potencial sin límites en nuestras vidas.

La neurociencia y la neuropsicología se presentan como herramientas poderosas que trascienden la mera comprensión académica. Es un mapa detallado que nos invita a descubrir los secretos más profundos de nuestra propia existencia. ¿Cómo procesamos la información que nos rodea? ¿Cómo tomamos decisiones y experimentamos emociones? ¿Cómo aprendemos? y, más importante aún, ¿cómo podemos mejorar y crecer?

En este viaje, nos sumergimos en las complejas redes de comunicación neuronal, testigos de la formación de nuevas conexiones, mientras aprendemos y evolucionamos. Observamos cómo nuestras experiencias diarias esculpen la arquitectura de nuestro cerebro, moldeando nuestra manera de percibir el mundo y de interactuar con él.

La reflexión profunda nos lleva a reconocer que el cerebro humano no es solo un órgano biológico, sino una maravilla evolutiva que alberga un poder extraordinario. Comprender este poder nos brinda la oportunidad de tomar las riendas de nuestro crecimiento personal y bienestar. Es como tener acceso a un manual interno que nos permite optimizar nuestras habilidades cognitivas y emocionales para forjar un camino hacia el éxito y la realización personal.

Así, cada descubrimiento en el campo de la neurociencia es un llamado a la acción, a aprovechar esta valiosa información para cultivar nuestro potencial, mejorar nuestras decisiones y encontrar un equilibrio emocional que nos lleve a un estado de bienestar duradero.

Testimonio real

Hubo momentos en los que todo era un desastre total, como si el mundo entero se hubiera vuelto una montaña imposible de escalar y yo no tenía ni idea de cómo seguir adelante. Me sentía totalmente vencida y perdida.

Pero en medio de toda esa confusión, hubo destellos de luz que me recordaron que no estaba sola en esta batalla. Mis padres estuvieron ahí, siempre, con su amor y apoyo, levantándome cuando caía y recordándome que soy más fuerte de lo que creía.

Mis profesores, también, fueron como esos guías que te muestran el camino cuando estás perdido. Con su paciencia y ánimos, me empujaron hacia adelante y me enseñaron a confiar en mí misma cuando más lo necesitaba.

Y, por supuesto, no puedo olvidar a mis amigos. Ellos fueron mi salvavidas en medio de la tormenta, compartiendo mis risas y mis lágrimas, y recordándome que juntos podemos superar cualquier cosa. Con su amistad sincera, encontré fuerzas para seguir adelante incluso en los momentos más oscuros.

Anónimo

El refugio interno: la neurobiología de la fortaleza emocional

Imagina un lugar dentro de ti, un refugio impenetrable donde las tormentas emocionales no pueden prevalecer. Este es tu núcleo emocional, un santuario de autenticidad y resistencia. La inteligencia emocional es la llave para desbloquear este refugio, permitiéndote enfrentar desafíos a partir de una base de fortaleza.

Desde la perspectiva de la neurociencia, este proceso implica la regulación de la amígdala, una región central en el cerebro dedicada al procesamiento de emociones. Al cultivar la autoconciencia y la gestión emocional, es posible entrenar a la amígdala para que responda de manera más equilibrada a los estímulos emocionales, fomentando así la calma y la resiliencia. Conectada a diversas regiones cerebrales, como el hipotálamo, que controla las respuestas del sistema nervioso autónomo, y la corteza prefrontal, involucrada en la toma de decisiones y la autorregulación, la amígdala desempeña un papel crucial en nuestras respuestas emocionales.

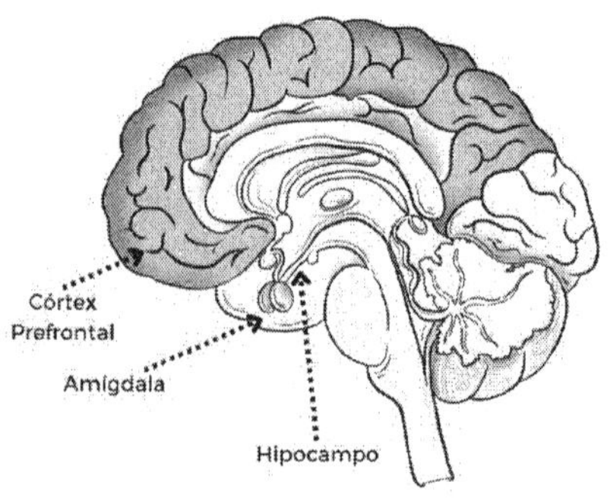

Cuando la amígdala detecta un estímulo emocional, desencadena la conocida respuesta de lucha o huida, liberando hormonas del estrés, como el cortisol y la adrenalina. Aunque esta reacción es esencial en situaciones de peligro real, puede llegar a sobreestimularse, dando lugar a respuestas emocionales desproporcionadas en situaciones cotidianas. Así, entender y regular este proceso no solo contribuye a un mayor equilibrio emocional, sino que también impacta positivamente en la manera en que enfrentamos los desafíos diarios.

En nuestras vidas cotidianas, tanto en nuestros hogares como en las aulas donde educamos y cuidamos a nuestros jóvenes, nos encontramos inmersos en un constante flujo de emociones y experiencias. En medio de este torbellino, es crucial recordar el poder transformador de la inteligencia emocional.

Al comprender y ser conscientes de nuestras propias respuestas emocionales, así como las de los demás, podemos influir en la actividad de regiones cerebrales clave, posiblemente incluida la amígdala, permitiéndonos abordar las emociones de manera más equilibrada y consciente (Lane *et al.*, 1998).

Como padres y educadores, somos testigos de primera mano de cómo nuestras emociones impactan en nosotros mismos y en quienes nos rodean. Es en estos momentos de reflexión y conexión íntima con nuestras propias emociones que surge la importancia de la inteligencia emocional.

Cuando cultivamos la autoconciencia y la empatía, no solo nos brindamos a nosotros mismos una comprensión más profunda de nuestras propias reacciones emocionales, sino que también nos permitimos un mayor entendimiento de las emociones de los demás.

La investigación realizada por Lane *et al.* (1998) arroja luz sobre la conexión entre la inteligencia emocional y la regulación emocional, proporcionando una perspectiva valiosa sobre cómo nuestras habilidades emocionales pueden influir en la actividad cerebral. Sus resultados revelan que niveles más elevados de conciencia emocional se asocian con una mayor actividad en el córtex cingulado anterior, una región cerebral relacionada con la regulación emocional y la atención. Aunque este estudio no se centra directamente en la amígdala, destaca la compleja interacción entre la emoción y la atención en el cerebro.

Estos hallazgos respaldan la idea de que la inteligencia emocional, al fomentar la conciencia emocional, puede tener un impacto significativo en la actividad cerebral relacionada con la regulación emocional.

Imagina la amígdala como el motor emocional de nuestro cerebro, desencadenando reacciones intensas ante estímulos emocionales. ¡Es como el turbo de nuestras emociones!

¿De qué manera podría afectar la regulación de este turbo emocional a nuestra habilidad para mantener respuestas emocionales equilibradas y controladas en diversas situaciones?

Dibujo realizado por:
Samuel Grande Aguilar,
16 años

¿Quién no ha experimentado alguna vez la intensidad de las emociones en la adolescencia? ¿Quién no se ha encontrado en situaciones donde es difícil controlar las reacciones emocionales, afectando nuestras relaciones personales y académicas? El testimonio de este adolescente refleja una experiencia común en la adolescencia y a lo largo de toda nuestra vida, donde las emociones intensas pueden desencadenar reacciones desproporcionadas. Las dificultades para controlar estas respuestas emocionales impactan en las relaciones personales y académicas, revelando un patrón recurrente en el que las decisiones impulsivas en momentos de estrés contribuyen a arrepentimientos posteriores. Esta narrativa subraya la importancia de abordar la salud mental en la adolescencia, proporcionando herramientas para gestionar las emociones y mejorar la toma de decisiones.

> Cuando usamos nuestro pensamiento consciente, podemos tener un control real sobre nuestras emociones, como si estuviéramos ajustando la potencia emocional de nuestro cerebro (Ochsner *et al.*, 2002).

En un estudio liderado por Ochsner y su equipo, utilizaron la resonancia magnética funcional (fMRI) para investigar cómo las personas pueden manejar conscientemente sus emociones. Lo interesante fue descubrir que cuando las personas aplican estrategias mentales para lidiar con situaciones emocionales, como cambiar su manera de pensar, realmente pueden cambiar lo que sucede en sus cerebros. En términos más simples, cuando las personas usan estos trucos mentales, la amígdala, relacionada con nuestras emociones, se calma un poco. Y aquí está lo emocionante: otras partes del cerebro relacionadas con el pensamiento y el control emocional se vuelven más activas. Este hallazgo proporciona una perspectiva valiosa para abordar las luchas emocionales descritas en el testimonio del adolescente, ofreciendo posibles vías para mejorar el manejo consciente de las emociones y el bienestar general en la adolescencia.

Este hallazgo nos revela que la inteligencia emocional no solo radica en sentir emociones, sino también en comprenderlas y gestionarlas sabiamente. Además, la relación entre estas no es una relación unidireccional. Es decir, la actividad amigdalina no es la única influencia en la inteligencia emocional, ya que también hay otras áreas del cerebro y factores psicológicos y sociales que desempeñan un papel importante en esta capacidad, pero podemos trabajar en ello para poder tener mayor control sobre nosotros mismos.

Los puentes en el cerebro: la comunicación neuronal

En nuestro cerebro, se lleva a cabo una red de comunicación constante de señales eléctricas y químicas que posibilitan cada pensamiento, emoción y acción que experimentamos. Este proceso complejo e intrincado es lo que conocemos como comunicación neuronal.

En el centro de esta intrincada red se encuentran las neuronas, las células fundamentales del sistema nervioso. Estas células se comunican entre sí a través de puentes especializados llamados sinapsis, creando una red neuronal sorprendentemente compleja. Las sinapsis son como los pilares que sostienen nuestros puentes cerebrales, permitiendo la transferencia de información de una neurona a otra.

Cuando experimentamos algo, cuando aprendemos algo nuevo o incluso cuando recordamos algo importante, esta información es transmitida a través de estas sinapsis. Piensa en ello como pequeños destellos eléctricos que viajan por estos puentes neuronales.

Cada pensamiento, emoción o acción que realizamos es el resultado de esta increíble red de señales entre las neuronas.

Imaginemos por un momento el cerebro como un sistema de carreteras y autopistas, un entramado de rutas que conectan ciudades de pensamiento, emoción y acción.

Cada neurona es como un vehículo en esta red cerebral y las sinapsis actúan como puentes y cruces que permiten la transferencia de información de un vehículo a otro. Cuando una neurona desea comunicar un mensaje importante, es como si encendiera sus luces y se dirigiera hacia uno de estos puentes. Al cruzarlo, la señal pasa de una neurona a otra, como si entregara un paquete de datos en un intercambio veloz.

Estos puentes, o sinapsis, pueden ser de diferentes tamaños y fuerzas, como puentes de madera o de acero. Cuanto más importante es el mensaje, más fuerte es el puente. Si una conexión se utiliza con frecuencia, como una autopista muy transitada, se vuelve más ancha y eficiente, permitiendo un flujo de información más rápido.

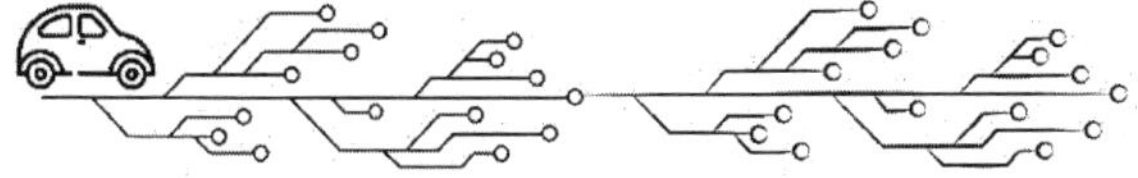

Así como las ciudades crecen y cambian con el tiempo, las conexiones cerebrales también se adaptan. Las experiencias y el aprendizaje son como proyectos de construcción que pueden ensanchar carreteras o construir nuevos puentes. Esta capacidad de adaptación se conoce como plasticidad cerebral y es lo que nos permite aprender, adaptarnos y cambiar a lo largo de nuestras vidas.

Dibujo realizado por:
Lucía Pérez Gil, 15 años

Testimonio real

Hace un tiempo, estaba en una especie de bache en el colegio. Mis notas estaban por los suelos y me sentía estancado. Parecía que no importaba cuánto me esforzara, no avanzaba ni un centímetro.

Mis padres decidieron que no iban a dejar que mis problemas académicos me aplastaran. Empezaron a buscar diferentes formas de estudiar, probé técnicas nuevas y, aunque al principio me costó, poco a poco empecé a notar mejoras.

No fue fácil, ni rápido, pero con el tiempo, mis notas mejoraron y mi confianza se disparó.

Anónimo

La plasticidad cerebral, esa sorprendente capacidad que permite al cerebro reorganizarse ante la experiencia y las exigencias del entorno (Cramer *et al.*, 2011), es como el arquitecto maestro de nuestra cognición. En un estudio intrigante, Draganski *et al.* (2004) utilizaron resonancia magnética estructural para explorar cómo la práctica del malabarismo impacta en la estructura cerebral, revelando un aumento significativo en la densidad de la materia gris en áreas relacionadas con el procesamiento visual y motor.

Este hallazgo no solo destaca la asombrosa capacidad del cerebro para adaptarse a nuevas habilidades, sino que también enfatiza la relevancia de la neuroplasticidad en nuestra capacidad de aprendizaje a lo largo de la vida.

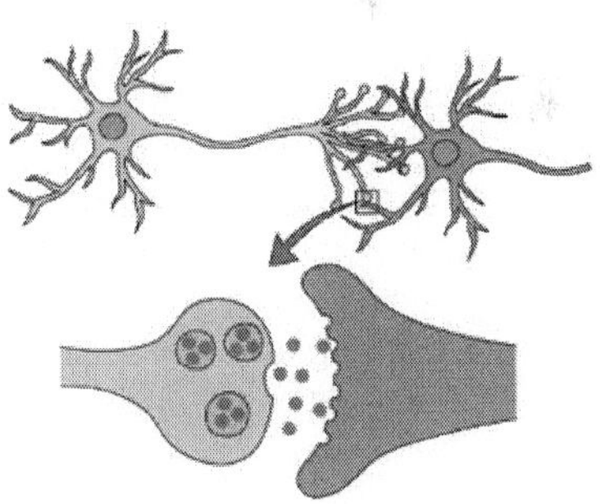

Durante la adolescencia, una etapa donde la plasticidad cerebral alcanza su punto máximo, nuestro cerebro es como una ciudad en constante desarrollo, construyendo y renovando estructuras para enfrentar las complejidades de la vida adolescente.

En términos más sencillos, si la inteligencia emocional es una habilidad esencial, la plasticidad cerebral es el ingeniero que permite su fortalecimiento. Este fenómeno científico nos recuerda que, incluso en la adultez, nuestro cerebro sigue siendo maleable, capaz de ajustarse y mejorar.

Es como si estuviéramos reforzando los puentes que conectan las partes de la ciudad que manejan nuestras emociones, permitiéndonos navegar por ellas de manera más eficiente y efectiva.

Desafiar nuestra memoria a diario se convierte en un fascinante viaje de autodescubrimiento y crecimiento. Va más allá de recordar datos, fortaleciendo conexiones neuronales y mejorando la función cognitiva. Este acto cotidiano no solo potencia nuestra capacidad de recordar, sino que también afina nuestras habilidades para resolver problemas, concentra nuestra atención y estimula el pensamiento creativo. En esencia, cada desafío de memoria se transforma en un espejo que refleja nuestras fortalezas cognitivas y áreas de mejora, invitándonos a explorar los intrincados mecanismos de nuestra mente.

Dibujo realizado por:
Lucía Pérez Gil, 15 años

Susana solía tener dificultades con la memoria y se sentía frustrada por olvidar nombres y detalles importantes. Decidió abordar esto mediante ejercicios diarios de memoria, como recordar listas de compras sin escribirlas. Con el tiempo, notó que recordaba más fácilmente.

Esto se debió a que su cerebro experimentó cambios en la estructura y función de las neuronas involucradas en la memoria.

¿Quién no ha experimentado alguna vez la frustración de olvidar nombres y detalles importantes? Las conexiones entre neuronas se fortalecen con el uso frecuente, mejorando la capacidad para recordar y procesar información. Así, la práctica constante remodela el cerebro, demostrando cómo la plasticidad cerebral puede influir en nuestra vida cotidiana.

Al comprender esta fascinante red de comunicación neuronal, no solo podemos percibir cómo se forma nuestra cognición y nuestras emociones, sino que también nos otorga el poder de moldear conscientemente nuestras propias rutas cerebrales.

> El conocimiento de las redes neuronales nos brinda la oportunidad de tomar el volante de nuestra mente y dirigirla hacia nuevos horizontes de comprensión y crecimiento personal.

Cortisol y adrenalina: los mensajeros del estrés

Entender la dinámica entre nuestro sistema nervioso y el estrés, representada por los mensajeros del estrés, como el cortisol y la adrenalina, es fundamental. Esta interacción funciona como una señal fisiológica que deja una marcada impresión en nuestra vida cotidiana, influyendo en cómo respondemos al complejo entramado de emociones y tensiones diarias.

El cortisol y la adrenalina son hormonas cruciales en la respuesta al estrés, actuando en una danza hormonal perfectamente orquestada. Desde la perspectiva de la neurociencia, cuando nuestro cerebro percibe una amenaza o desafío, la amígdala, una región clave en el procesamiento emocional, envía señales al hipotálamo. El hipotálamo desencadena una serie de eventos, incluida la estimulación de las glándulas suprarrenales, que producen adrenalina y cortisol. La adrenalina se libera instantáneamente, aumentando el ritmo cardíaco, dilatando las pupilas y preparando el cuerpo para la acción inmediata. Mientras tanto, el cortisol entra en juego, aumentando los niveles de azúcar en sangre para proporcionar energía adicional.

Imagina que estás caminando por el bosque y te encuentras con un animal salvaje.

Tu amígdala detecta la amenaza y envía señales al hipotálamo. Este activa las glándulas suprarrenales, liberando adrenalina y cortisol. La adrenalina te prepara para correr o enfrentar al animal, mientras que el cortisol aumenta tus niveles de energía para enfrentar la situación. Esta respuesta fisiológica está diseñada para situaciones de emergencia.

Pero ¿cómo son los efectos crónicos del estrés en el cerebro?

Si el estrés se vuelve crónico, los niveles continuos de cortisol pueden tener efectos negativos en el cerebro. Se ha demostrado que el cortisol en exceso puede dañar las células nerviosas en el hipocampo, una región cerebral fundamental para la memoria y el aprendizaje. Esto puede llevar a dificultades cognitivas y afectar a la capacidad de tomar decisiones informadas. Además, el cortisol crónico puede interferir con la formación de nuevas conexiones neuronales, lo que puede afectar negativamente a la plasticidad cerebral y a la capacidad de adaptación.

En el intrigante estudio del Dr. Bruce S. McEwen y Marian Joëls (2017), se exploran los efectos del estrés en áreas clave del cerebro. Los hallazgos revelan que el estrés crónico puede remodelar la arquitectura neuronal en el hipocampo, la amígdala y la corteza prefrontal. Esta investigación destaca cómo la gestión del estrés no solo es vital para nuestra salud mental, sino también para la salud de nuestro cerebro.

Nuestras experiencias estresantes no solo nos afectan emocionalmente, sino que dejan su huella física en la estructura de nuestro cerebro.

¿Cómo puede el estrés desencadenar depresión o ansiedad?

Imagina que el estrés es como una tela invisible que envuelve nuestras vidas, tejida con los hilos de las presiones diarias, responsabilidades y expectativas que parecen inalcanzables. Aunque no la veamos, esta tela va creando su propia historia en nuestra mente, afectando de manera sorprendente a nuestra experiencia de la ansiedad y la depresión.

El estrés, cual hábil artesano, comienza su trabajo desencadenando respuestas hormonales. Como un destello en la oscuridad, el cortisol y la adrenalina iluminan nuestro sistema. Sin embargo, cuando este destello es persistente, comienzan a formarse sombras en nuestro cerebro.

En el rincón más íntimo de nuestra mente, el estrés dirige cambios. Las áreas cerebrales encargadas de regular el ánimo y procesar las emociones, como la amígdala y la corteza prefrontal, sienten la presión. El estrés crónico, cual director caprichoso, provoca discordancias neuronales que se manifiestan como ansiedad y depresión.

La ansiedad, como un acróbata valiente, entra en escena. Alimentada por la incertidumbre y las preocupaciones persistentes, realiza piruetas en la cuerda floja de nuestras emociones. Mientras tanto, la depresión, como una sombra discreta, se desliza en la penumbra, oscureciendo poco a poco nuestra percepción del mundo.

Esta tela, entrelazada, revela una conexión profunda. La ansiedad, en su constante movimiento, agita las aguas del estrés, generando turbulencias emocionales. La depresión, como un eco melancólico, intensifica la carga emocional, tejiendo una red que parece cada vez más complicada.

En este tapiz, el estrés actúa como el hilo conductor, entrelazando los nudos de la ansiedad y la depresión en nuestra experiencia cotidiana. Comprender esta danza de hilos nos ofrece la oportunidad de desenredar la tela invisible, allanando el camino hacia una mejor gestión del estrés y la construcción de una trama más saludable para nuestra mente. La inteligencia emocional ofrece herramientas para gestionar el impacto del cortisol y la adrenalina en nuestro bienestar

Testimonio real

La depresión entró en mí como una sombra que se resistía a desaparecer. Abrirme con gente cercana, profesores y profesionales fue algo aterrador al principio. Admitir lo que estaba lidiando no fue fácil, sobre todo porque sentía que los iba a decepcionar. La terapia y el apoyo no solo me guiaron, sino que me mostraron que la depresión no era un destino inalterable, sino simplemente una etapa.

He aprendido que todos llevamos nuestras propias batallas invisibles. No hay nada de malo en pedir ayuda. La oscuridad que sentía dentro de mí logró transformarse en luz y quiero transmitir la esperanza de que esto es posible de superar para cualquiera.

Anónimo

Impacto del cortisol en un día cotidiano

Imagina a Luna, una profesional con una agenda repleta de tareas y compromisos. Un día, recibe una llamada del trabajo informándole sobre un proyecto urgente que debe completar en un plazo muy ajustado.

Su amígdala detecta la situación como una amenaza, desencadenando una respuesta de estrés. Esto provoca la liberación de cortisol y adrenalina, preparando su cuerpo para la acción.

Luna siente su corazón latir más rápido, sus manos sudan y su mente se nubla mientras intenta abordar la tarea. A medida que avanza el día, Luna continúa enfrentando desafíos laborales y personales, manteniendo altos niveles de cortisol en su sistema.

Esto podría tener un efecto negativo en su estado emocional y cognitivo. Por ejemplo, puede sentirse más irritable, ansiosa e incluso tener dificultades para concentrarse en las tareas. Además, el cortisol en exceso puede interferir con su capacidad para tomar decisiones informadas y comprometer su memoria a corto plazo.

¿Qué podría hacer Luna para mejorar esto?

✓ **Practicar la autoconciencia.** Luna puede tomar un momento para reconocer cómo se siente en el momento y cómo su cuerpo está reaccionando al estrés. Esto podría ayudarle a identificar cuándo sus niveles de estrés son altos y tomar medidas para reducirlos.

✓ **Respiración consciente.** Cuando Luna siente que está abrumada, puede practicar la respiración consciente.

✓ **Tiempo de descanso y autocuidado.** Luna puede programar momentos de descanso durante su día para desconectar y relajarse. Leer un libro, dar un paseo breve o practicar la meditación pueden ayudar a reducir el estrés acumulado.

✓ **Gestión efectiva del tiempo.** Organizar su agenda y establecer prioridades puede ayudar a Luna a reducir la sensación de abrumo y la liberación constante de cortisol.

✓ **Conexión social.** Hablar con un amigo cercano o un ser querido puede liberar endorfinas y reducir los niveles de cortisol. Luna puede considerar compartir sus preocupaciones o, simplemente, disfrutar de una conversación amigable.

Al aplicar estas estrategias, Luna puede contrarrestar los efectos del cortisol en su día cotidiano y mantener un mayor equilibrio emocional y mental. La inteligencia emocional le permite tomar el control de su respuesta al estrés y abordar los desafíos de manera más consciente y efectiva.

Testimonio real

Me preparé intensamente para un examen, pero cuando llegó el momento la presión me venció. Al sentarme frente al papel, mi mente se quedó en blanco total. Las respuestas que tenía a punto de salir desaparecieron y me quedé paralizado mirando el examen.

Experimenté una sensación horrible de impotencia. El tiempo avanzaba, pero yo no podía arrancar. Después del examen, lo único que quería era llorar. Cada vez que recordaba ese momento, me invadía el miedo de que volviera a suceder.

La idea de enfrentarme nuevamente a esa sensación me generaba inseguridad. No quería repetir la experiencia de sentirme impotente y asustado. Esta inseguridad se convirtió en una sombra que me acompañaba cada vez que me enfrentaba a un nuevo desafío académico.

Anónimo

Capítulo 2

NAVEGANDO LA REBELDÍA ADOLESCENTE: COMUNICACIÓN, ENTENDIMIENTO Y CRECIMIENTO

En el complejo trayecto de la adolescencia, una fase esencial que va más allá del mero proceso de crecimiento físico se desenvuelve ante nosotros. Este período, caracterizado por transformaciones profundas a niveles físicas y psicológicas, encarna una búsqueda ferviente de identidad y autonomía por parte de los jóvenes en su tránsito hacia la adultez.

Recuerdo claramente una mañana en el aula, mientras impartía una tutoría donde hablábamos a cerca de la rebeldía adolescente, que hizo un comentario un alumno. Su pregunta resonó en toda la clase y dejó una huella profunda en mi mente: «¿Por qué es tan difícil para vosotros entendernos? ¿Por qué siempre tenéis la necesidad de controlarnos?».

Esa simple pregunta capturó la esencia misma de la lucha entre autoridad y autonomía que define la relación entre educadores, padres, madres y adolescentes.

La rebeldía adolescente se manifiesta como una resistencia activa o pasiva hacia la autoridad y las normas sociales, siendo un fenómeno intrínseco a la búsqueda de autonomía. En este capítulo, nos aventuramos en la complejidad de esta rebeldía, desentrañando este concepto desde una perspectiva neurocientífica para entender sus fundamentos biológicos y neuropsicológicos. Exploramos cómo los cambios cerebrales, particularmente en áreas relacionadas con la toma de decisiones y la regulación emocional, pueden influir en la expresión de la rebeldía.

El propósito de estas páginas va más allá de la mera exploración científica. Se propone una visión integral de la rebeldía adolescente, destacando la importancia de la empatía y la comunicación efectiva.

Testimonio real

Hubo un tiempo que era ese tipo de adolescente que todos señalaban como «el macarra», simplemente por la forma en que me vestía y las compañías que tenía. Sentía que estaba en un constante combate contra las expectativas de los demás y no importaba cuánto intentara encajar, siempre me quedaba fuera del molde.

Era fácil para la gente juzgar a simple vista, pero lo que no sabían era que detrás de mi fachada de rebeldía había un corazón herido. Me sentía incomprendido, solo, y la peor parte era que sentía que nadie confiaba en mí. Era como si todos dieran por sentado que iba a fallar, sin siquiera darme la oportunidad de demostrar lo contrario.

Esa sensación de ser constantemente juzgado y subestimado era aplastante. Me hacía cuestionar quién era realmente y si alguna vez sería capaz de escapar de esa sombra que me seguía a todas partes.

Pero a pesar de todo, esa época me enseñó algo importante: la importancia de creer en uno mismo cuando nadie más lo hace. Aprendí a encontrar fuerza en mi propia voz y a seguir adelante incluso cuando casi todo el mundo parecía estar en mi contra.

Anónimo

El cerebro adolescente: un mundo en transformación

La travesía por la adolescencia ha desconcertado a generaciones de padres, educadores y científicos, constituyendo una fase de vida marcada por cambios emocionales, sociales y cognitivos intensos. Este período de transición, que señala la entrada a la adultez, plantea cuestiones esenciales sobre la naturaleza humana y el funcionamiento cerebral. En la medida en que la investigación neurocientífica avanza, nuestra comprensión del cerebro adolescente se ha enriquecido considerablemente, arrojando luz sobre los complejos procesos internos que subyacen a este período caótico y transformador.

¿Cómo es la evolución fisiológica del cerebro en adolescentes?

La travesía del cerebro adolescente involucra procesos fisiológicos notables, destacándose la poda sináptica como una protagonista central en este desarrollo. Acuñado por los renombrados neurocientíficos Eric Kandel, James Schwartz y Thomas Jessell, el término «poda sináptica» describe la eliminación selectiva de sinapsis menos transitadas durante la adolescencia.

En las primeras etapas de la vida y la infancia, el cerebro experimenta un florecimiento sináptico, estableciendo innumerables conexiones neuronales durante un período de crecimiento. Esta fase se caracteriza por la plasticidad neuronal, la habilidad del cerebro para adaptarse y aprender rápidamente. No obstante, al ingresar a la adolescencia, se desata la poda sináptica, un ajuste esencial delineado por el trabajo pionero de Kandel, Schwartz y Jessell (2000).

Estos científicos han revelado que la poda sináptica no se trata solo de reducir conexiones, sino de un refinamiento meticuloso. Elimina sinapsis menos utilizadas, fortaleciendo aquellas fundamentales para funciones cognitivas y emocionales. En términos simples, la poda sináptica podría entenderse como un «saneamiento» cerebral, despejando conexiones redundantes y abriendo paso a una red neuronal más eficiente.

Este proceso no solo modela la estructura física del cerebro, sino que también impacta en el comportamiento adolescente, siendo esencial para la optimización cerebral y contribuyendo a cambios conductuales propios de esta etapa, como la búsqueda de nuevas experiencias y la influencia de los compañeros.

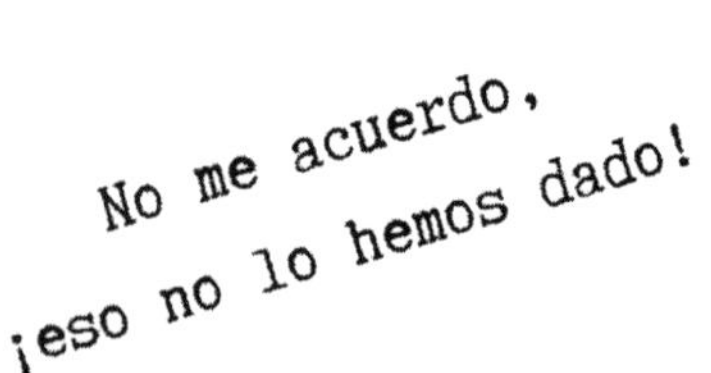

Imagina a un adolescente de quince *años que solía estar muy involucrado en actividades extracurriculares*, como el ajedrez y la música. Sin embargo, a medida que entra en la adolescencia, su interés cambia hacia el deporte y la informática.

Este cambio refleja la poda sináptica en su cerebro, donde las conexiones sinápticas relacionadas con el ajedrez y la música se debilitan, mientras que las relacionadas con el deporte y la informática se fortalecen. Este proceso es esencial para adaptarse a los nuevos intereses y habilidades del adolescente.

Continuando con el proceso de desarrollo cerebral en la adolescencia, se resalta la evolución simultánea del cuerpo calloso, ese WhatsApp interno que facilita la charla entre los hemisferios cerebrales. En plena adolescencia, este canal de comunicación mejora, como si el cerebro dijera: «¡Vamos a entendernos mejor ahora!». Esta mejora en la coordinación propicia una colaboración más efectiva entre la lógica y la creatividad, influenciando así el proceso de toma de decisiones.

Simultáneamente, la corteza prefrontal, la «jefa» del control de impulsos y la toma de decisiones, pasa por una revolución. Aunque sigue evolucionando hasta la adultez, en la adolescencia se enfrenta a sus propios desafíos, generando ese combo de decisiones rápidas y problemas para pensar a largo plazo.

Los juicios impulsivos y la dificultad para evaluar las consecuencias a largo plazo se atribuyen a esta asimetría en el desarrollo cerebral, contribuyendo así a la comprensión integral de los procesos cognitivos durante esta fase crucial del crecimiento.

En este período de cambios fisiológicos, la actividad en las regiones del cerebro relacionadas con la recompensa y la toma de riesgos aumenta en presencia de amigos. Esto puede explicar por qué los adolescentes a menudo se sienten impulsados a buscar la aceptación social y a tomar decisiones que podrían considerarse arriesgadas desde una perspectiva adulta.

La necesidad de encajar y ser aceptado por el grupo puede ser tan poderosa que podría eclipsar incluso la evaluación lógica de riesgos y beneficios. En el estudio llevado a cabo por Chein *et al.* (2011), se exploró cómo la toma de riesgos en adolescentes se ve influenciada por la presencia de amigos. Durante las pruebas de toma de decisiones, los participantes fueron sometidos a escaneo cerebral para analizar su actividad cerebral. Los resultados resaltaron variaciones significativas en las regiones asociadas con la toma de decisiones y la regulación emocional cuando los adolescentes tomaban decisiones en presencia de sus amigos o padres, subrayando la importancia de los factores sociales en la toma de decisiones durante la adolescencia y evidenciando la influencia tangible que los amigos pueden tener en este proceso.

¿Cómo afecta la maduración del cerebro a las decisiones sociales de los adolescentes?

El proceso de mielinización, que implica el recubrimiento de las fibras nerviosas con mielina para acelerar la transmisión de impulsos nerviosos, tiene una notable conexión con las decisiones sociales de los adolescentes. Una interesante observación es que este proceso puede ayudar a explicar por qué los adolescentes a menudo se sienten impulsados a buscar la aceptación social y a tomar decisiones que podrían considerarse arriesgadas desde una perspectiva adulta.

Durante la adolescencia, la mielinización no se produce de manera uniforme en todo el cerebro, y ciertas áreas asociadas con la emoción y la motivación pueden madurar más rápido que aquellas relacionadas con la toma de decisiones y el autocontrol, como la corteza prefrontal. Esta asincronía puede generar una disparidad entre la intensa necesidad de encajar y ser aceptado por el grupo social, impulsada en parte por una mayor actividad en áreas emocionales, y la evaluación lógica de riesgos y beneficios, que es mediada por áreas aún en proceso de maduración.

Podemos decir que las conductas de riesgo en la adolescencia están asociadas a las diferentes trayectorias de desarrollo de las regiones de control corticales y subcorticales, pero esto no quiere decir que los adolescentes no sean capaces de tomar decisiones racionales. En situaciones con carga emocional, un sistema límbico más maduro puede ganar sobre el sistema de control prefrontal en la toma de decisiones (Steinberg, 2010).

La presión por encajar en el grupo puede ser tan poderosa que los adolescentes pueden verse inclinados a tomar decisiones que, desde la perspectiva de un adulto con una corteza prefrontal más madura, podrían considerarse arriesgadas o impulsivas. ¿Quién no ha escuchado en algún momento a un adolescente decir: «Todos lo hacen»?.

Al entender la flexibilidad y el potencial de cambio del cerebro adolescente, podemos criar jóvenes más equilibrados, fuertes y comprensivos.

Testimonio real

Cuando tenía quince años, estábamos en un lugar donde un amigo propuso saltar desde un acantilado al agua. Antes de hacerlo, me sentía nervioso y preocupado por si me hacía daño, pero empezaron a animarme unos, otros a llamarme cobarde y gallina y la presión del grupo me hizo saltar. Fue emocionante en ese momento, me sentía capaz de todo, pero después me di cuenta de lo peligroso que era.

Afortunadamente, nadie resultó herido, pero la experiencia me dejó con un sentimiento de arrepentimiento. Me di cuenta de que no debí de haber cedido a la presión de grupo y haber puesto en riesgo mi seguridad. Aprendí una valiosa lección: nunca debes hacer algo arriesgado solo para encajar.

Anónimo

Efectos de las hormonas y neurotransmisores

La rebeldía adolescente también está influenciada por las hormonas y los neurotransmisores. La testosterona y los estrógenos, hormonas sexuales que aumentan durante la pubertad, pueden intensificar las emociones y el deseo de independencia. Además, la dopamina, un neurotransmisor asociado con la recompensa y el placer, es liberada con mayor intensidad en el cerebro adolescente, lo que puede llevar a la búsqueda de nuevas experiencias y sensaciones.

Durante la pubertad, el cuerpo experimenta cambios hormonales significativos. Las glándulas endocrinas, como el hipotálamo, la hipófisis y las glándulas sexuales comienzan a producir hormonas en cantidades mayores.

La testosterona, en particular, está relacionada con la agresión y la toma de riesgos. Durante la adolescencia, los niveles de testosterona aumentan tanto en chicos como en chicas, aunque en diferentes proporciones. Este aumento puede contribuir a la intensificación de comportamientos agresivos y arriesgados en algunos adolescentes.

Los neurotransmisores son sustancias químicas que transmiten señales entre las neuronas en el cerebro. Durante la adolescencia, hay cambios en la regulación y función de varios neurotransmisores que pueden influir en el comportamiento y las emociones.

A continuación, examinaremos de qué manera estos compuestos biológicos, neurotransmisores fundamentales en nuestro sistema nervioso, pueden incidir en la cotidianidad y en la evolución cognitiva y emocional de los adolescentes.

Dopamina. Este neurotransmisor está asociado con la recompensa y el placer. Durante la adolescencia, los sistemas de dopamina están más sensibles, lo que puede hacer que los adolescentes busquen experiencias nuevas y emocionantes. Esto puede llevar a una mayor disposición a asumir riesgos y a la búsqueda de emociones intensas.

Serotonina. La serotonina está relacionada con la regulación del estado de ánimo y las emociones. Las fluctuaciones en los niveles de serotonina pueden contribuir a la irritabilidad, la impulsividad y la susceptibilidad a la depresión en los adolescentes.

Noradrenalina. Este neurotransmisor está involucrado en la respuesta al estrés y la activación del sistema de lucha o huida. Los cambios en los niveles de noradrenalina pueden contribuir a la intensificación de las reacciones emocionales y la respuesta a situaciones estresantes.

En resumen, los estudios sobre los impactos de las hormonas y neurotransmisores en adolescentes proporcionan una perspectiva detallada y multifacética de la relación entre los elementos biológicos y el comportamiento durante esta fase de desarrollo. La conexión entre hormonas y neurotransmisores se presenta como un ámbito crucial que demanda una exploración más exhaustiva para lograr una comprensión más profunda de la complejidad inherente al comportamiento adolescente.

Testimonio real

Hoy quiero compartir una anécdota de la que estoy orgulloso. Un verano, estuve a punto de probar las drogas por la presión que sentí por un nuevo grupo que conocí ese verano. La necesidad de encajar era fuerte, pero la educación que recibí en casa y por parte de mis profesores me salvó.

Mis padres siempre hablaron de ello y me enseñaron valores sólidos y la importancia de tomar decisiones conscientes. Algunos profesores se convirtieron en mentores cruciales. La educación sobre los riesgos de las drogas me dio la fuerza para resistir, recordándome que la verdadera aceptación viene de ser uno mismo, no de seguir el camino fácil.

Anónimo

El impacto del cortisol en la vida de los adolescentes: un aspecto crucial en su desarrollo

En este contexto es fundamental abordar también cómo influye el cortisol en la vida de los adolescentes. Estos neurotransmisores esenciales en el sistema nervioso están intrínsecamente relacionados con el manejo del estrés y las emociones en los adolescentes.

El cortisol, una hormona esteroidea liberada en respuesta al estrés, tiene un efecto directo en la regulación de estos neurotransmisores.

Cuando los adolescentes experimentan estrés, se produce un aumento en la liberación de cortisol, lo que puede afectar la producción y la actividad de neurotransmisores clave, incluyendo la dopamina, la serotonina y la noradrenalina.

Un desequilibrio persistente en estos neurotransmisores debido al estrés crónico y al aumento de cortisol puede tener consecuencias significativas en la salud emocional y cognitiva de los adolescentes. Puede manifestarse en problemas de ánimo, ansiedad, trastornos del sueño y dificultades de concentración, entre otros aspectos.

Es importante destacar que, aunque las hormonas y los neurotransmisores juegan un papel en la rebeldía adolescente, el entorno social y las influencias culturales también desempeñan un papel significativo en la forma en que se manifiestan estos cambios. Los adolescentes interactúan con su familia y su entorno, lo que puede modular la expresión de estos factores biológicos.

La rebeldía adolescente es una parte natural del proceso de desarrollo y crecimiento. Si bien las hormonas y los neurotransmisores pueden influir en los comportamientos y actitudes rebeldes, es fundamental considerar el contexto y brindar un apoyo emocional y estructural adecuado para guiar a los adolescentes a través de esta fase de cambios y desafíos.

Testimonio real

Oír a padres y profesores decir siempre lo mismo puede ser como un golpe frío. A veces, una mala nota desencadena una tormenta de ansiedad y lágrimas. Es como si estuvieras decepcionando a todos, incluso a ti mismo. Y cuando te esfuerzas y aun así no lo logras, el golpe es aún más duro. Se siente como si todo tu esfuerzo no valiera nada.

Pero lo peor es que en algunos casos los demás solo ven la nota en el papel, sin entender lo que realmente estás pasando. No se dan cuenta de los ataques de ansiedad, la falta de sueño, el estrés. Todo se reduce a ese número y eso duele. Pero somos humanos, todos cometemos errores. Y aunque sea difícil, tenemos que recordar que somos mucho más que una calificación.

Anónimo

Comunicación y empatía en la navegación de la rebeldía

La inteligencia emocional desempeña un papel crucial en la navegación de la rebeldía adolescente. La comunicación abierta y respetuosa es fundamental para establecer puentes de entendimiento entre padres e hijos. Practicar la empatía permite a los padres comprender las emociones y perspectivas de sus hijos, creando un espacio seguro para expresar sus inquietudes y deseos.

> La combinación de una comunicación efectiva y la práctica de la empatía puede ser un poderoso medio para navegar la rebeldía adolescente.

Al crear un ambiente en el que los adolescentes se sientan escuchados, comprendidos y apoyados, se establece una base sólida para construir relaciones saludables y duraderas.

Comunicación

- **Escucha activa.** Escuchar activamente a los adolescentes es fundamental.

✓ **Diálogo abierto.** Fomentar un espacio donde los adolescentes puedan expresar sus opiniones y hacer preguntas sin temor al juicio.

Testimonio real

A los dieciséis *años, me enfrenté a la realidad de que soy homosexual y sentí la necesidad de compartirlo con alguien de confianza. Me acerqué a un amigo, esperando su apoyo y comprensión. Sin embargo, en lugar de apoyarme, su respuesta fue de rechazo. Me sentí abandonado y herido.*

Anónimo

- **Preguntas abiertas.** Hacer preguntas abiertas que inviten a los adolescentes a compartir más que respuestas monosilábicas.

Esto puede ayudar a profundizar en sus pensamientos y sentimientos, lo que facilita una comprensión más completa.

- **No juzgar.** Evitar el juicio o la crítica excesiva.

Los adolescentes están experimentando una serie de cambios y desafíos y necesitan sentir que sus preocupaciones y problemas son válidos.

- **Expresar amor y apoyo.** Asegurarse de que los adolescentes sepan que son amados y apoyados incondicionalmente.

La comunicación debe transmitir el mensaje de que están respaldados, incluso cuando haya desacuerdos.

Empatía

- ✓ **Perspectiva del adolescente.** Tratar de entender el mundo desde la perspectiva del adolescente.

> Recordar cómo se sentían y pensaban en esa etapa puede ayudar a conectarse mejor.

- ✓ **Validar sentimientos.** Reconocer y validar los sentimientos del adolescente, incluso si no se comparten.

> Validar no significa estar de acuerdo, sino reconocer que sus emociones son reales y legítimas.

- ✓ **Mostrar interés genuino.** Hacer preguntas sobre los intereses y pasatiempos del adolescente.

> Demuestra un interés genuino en su vida y crea oportunidades para establecer conexiones más profundas.

✓ **Ofrecer apoyo emocional.** Estar disponible para proporcionar apoyo emocional cuando los adolescentes lo necesiten.

> A veces, simplemente estar allí para escuchar puede ser reconfortante.

✓ **Establecer límites con empatía.** Si es necesario, establecer límites con empatía.

> Explicar los límites desde un lugar de cuidado y preocupación puede ayudar a los adolescentes a comprender y aceptar mejor las reglas.

A continuación, vamos a ver ejercicios para mejorar la comunicación en cuanto a rebeldía adolescente.

Ejercicio. Comunicación reflexiva

Los padres pueden practicar la comunicación reflexiva.

Cuando surja un conflicto es recomendable tomar un momento para reflexionar sobre sus propias emociones y reacciones antes de abordar la situación. Esto promueve una comunicación más calmada y efectiva.

Ejercicio. Explorando valores personales

Los padres pueden alentar a sus hijos adolescentes a reflexionar sobre sus valores personales.

Preguntar qué es importante para ellos y cómo pueden tomar decisiones alineadas con esos valores.

La rebeldía adolescente no solo presenta desafíos, sino también oportunidades de crecimiento mutuo. Los padres pueden ver este período como una ocasión para aprender junto con sus hijos. Compartir experiencias, escuchar sus perspectivas y apoyar sus intereses puede fortalecer el vínculo familiar y fomentar un ambiente de confianza y respeto.

Escenario. Aplicación de la inteligencia emocional en la resolución de un conflicto adolescente

Ana, una adolescente de dieciséis años, ha estado llegando tarde a casa en las últimas semanas, lo que ha generado preocupación en sus padres. Cada vez que intentan hablar sobre el tema, Ana se pone a la defensiva y reacciona con enojo, afirmando que sus padres no confían en ella.

1. **Autorregulación emocional** (gestión de emociones propias). Los padres deben asegurarse de que estén en un estado emocional calmado antes de abordar la situación.

Esto evitará que las emociones intensas afecten negativamente la conversación.

2. **Escucha activa** (empatía). En lugar de acusar a Ana o ponerse a la defensiva, los padres deben tomar la iniciativa de escucharla. Podrían comenzar diciendo: «Ana, hemos notado que has estado llegando tarde últimamente y eso nos ha preocupado. Nos gustaría entender lo que está pasando desde tu perspectiva».

3. **Validación de sentimientos.** Si Ana se siente como si sus padres no confiaran en ella, los padres podrían validar sus sentimientos antes de abordar el problema principal. Podrían decir: «Entiendo que puedas sentir que no confiamos en ti, pero eso no es lo que queremos transmitir. Queremos entender lo que está sucediendo».

4. **Comunicación asertiva** (expresión de sentimientos). Los padres podrían compartir sus propias preocupaciones, pero de manera asertiva y no acusatoria. Podrían decir: «Nos preocupamos por tu seguridad y bienestar y es por eso que nos gustaría entender por qué has estado llegando tarde».

5. **Invitar a colaborar.** En lugar de imponer una solución, los padres podrían invitar a Ana a ser parte de la solución. Podrían pre-

guntar: «¿Hay algo que esté afectando tu rutina o tus horarios? Nos gustaría encontrar una manera de apoyarte en caso de que necesites algo».

6. **Ofrecer apoyo.** Los padres podrían ofrecer su apoyo y disposición para ayudar en caso de que Ana esté enfrentando dificultades. Podrían decir: «Si estás pasando por algo difícil, queremos que sepas que siempre puedes contar con nosotros para ayudarte».

7. **Generar soluciones juntos.** Una vez que Ana haya compartido su perspectiva, los padres y Ana podrían trabajar juntos en identificar soluciones. Esto podría incluir acordar un horario de llegada y discutir las actividades en las que está involucrada.

8. **Agradecimiento y reconocimiento.** Después de discutir y llegar a un acuerdo, los padres podrían agradecer a Ana por su disposición a hablar y colaborar en la resolución del conflicto.

Dibujo realizado por:
Miguel Ángel González
Martínez, 16 años

A diferencia de muchos de mi edad, tengo certeza sobre lo que quiero estudiar, pero lo que me angustia profundamente es la triste realidad de que la carrera que me gusta no existe en mi ciudad.

En menos de diez meses, me veré obligada a abandonar mi hogar, mi querida ciudad, y mudarme a un lugar completamente desconocido. Dejaré atrás mi casa, mis amigos y familiares. La preocupación que me atormenta es que la vida que hemos compartido, la seguridad de ver a nuestros amigos en la plaza Mayor y la sensación de equipo se desvanecerán. Siento mucho miedo ante la idea de que, al volver dentro de unos años, todo habrá cambiado.

La emoción por el futuro se mezcla con angustia. Este cambio es inevitable, pero no puedo evitar sentir que estoy dejando atrás una parte de mi vida que nunca volverá. Es un sentimiento que me inquieta constantemente.

Anónimo

Capítulo 3

CONECTANDO CORAZONES Y MENTES: ENTENDIENDO Y ABORDANDO EL SENTIMIENTO DE «NO ME ENTENDÉIS»

Recuerdo claramente aquel día al salir de clase, cuando una de mis alumnas se acercó tímidamente y me pidió hablar en privado. Su gesto triste y su mirada preocupada me llegaron al corazón, indicándome que algo la estaba afectando profundamente. Con voz entrecortada, compartió conmigo la difícil situación que estaba atravesando en su hogar y cómo se sentía incomprendida por sus padres. Escuchar sus palabras, donde la angustia y el desamparo eran palpables en cada una de sus expresiones, fue desgarrador.

Este momento me hizo reflexionar sobre la complejidad de las relaciones humanas y el impacto del sentimiento de «no me entendéis». Es una experiencia profundamente personal que va más allá de las palabras que compartimos y se sumerge en la compleja interacción entre nuestros pensamientos y emociones. La neurociencia nos ofrece perspectivas fascinantes para comprender por qué este sentimiento puede ser tan intenso y, lo que es más importante, cómo podemos afrontarlo.

En momentos como este, como educadores, estamos llamados a ser no solo transmisores de conocimientos, sino también apoyos emocionales para nuestros estudiantes, brindando comprensión y empatía en su viaje hacia la madurez.

A nivel neuronal, la comunicación entre individuos se basa en la transmisión de señales electroquímicas entre las neuronas, permitiendo la formación de conexiones sinápticas y redes complejas en el cerebro. Sin embargo, la divergencia en las experiencias personales, historias de vida y percepciones únicas de cada individuo puede dar lugar a una falta de sincronización en estas conexiones neuronales cuando se intenta comunicar un sentimiento o pensamiento.

La empatía, un componente fundamental en la comprensión interpersonal, se origina en áreas cerebrales como la ínsula y la corteza cingulada anterior. Estas regiones permiten que nuestro cerebro simule internamente las experiencias emocionales y mentales de los demás, fomentando así la capacidad de comprender y sintonizar con sus estados internos. No obstante, la empatía puede verse obstaculizada cuando nuestras propias experiencias o prejuicios sesgan la interpretación de las señales emocionales y no verbales de los demás.

Testimonio real

A veces, siento como si no se entendieran mis deseos y necesidades. Mis padres, con todo su amor y preocupación, simplemente no parecen entender que estoy luchando por ser independiente, por tener más libertad para tomar mis propias decisiones.

Cada vez que intento expresar mi deseo de explorar nuevas oportunidades y perseguir mis pasiones, siento que chocamos con la desconfianza y la resistencia. Me dicen que soy demasiado joven, que no entiendo las consecuencias de mis acciones, pero lo que realmente no entienden es que estoy creciendo, que necesito espacio para cometer mis propios errores y aprender de ellos.

A menudo me siento atrapado, deseando que me permitan ser quien soy realmente, en lugar de intentar moldearme a su imagen de lo que debería ser.

A veces, me pregunto si alguna vez podrán entender lo que siento, si podrán ver más allá de sus propios miedos y preocupaciones

Anónimo

El sentimiento de no me entendéis puede también estar enraizado en el deseo humano de ser validado y comprendido, que se relaciona con la liberación de neurotransmisores, como la oxitocina y la dopamina.

Cuando estas sustancias químicas fluyen en el cerebro, promueven sensaciones de apego, confianza y satisfacción emocional. Sin embargo, si la comunicación falla y no se activan estas respuestas neuroquímicas, puede surgir la sensación de aislamiento y frustración.

¿Cómo podemos abordar este sentimiento común pero desafiante?

La conciencia de que todos poseemos perspectivas únicas y marcos de referencia personales es el primer paso. La práctica de la escucha activa y la empatía, así como la disposición a considerar puntos de vista diferentes puede mejorar significativamente la comprensión mutua.

Además, como hemos visto, la neuroplasticidad nos muestra que podemos entrenar nuestras mentes para ser más abiertos y comprensivos, reduciendo la brecha entre «tú» y «yo».

La intersección entre corazones y mentes es una danza fascinante y desafiante que involucra una comprensión profunda de la neurociencia, la psicología y la emoción humana. Al aprovechar nuestro conocimiento de cómo se forman las conexiones cerebrales, cómo experimentamos la empatía y cómo los químicos cerebrales influyen en nuestras relaciones, podemos abordar de manera más efectiva el sentimiento de «no me entiendes» y construir puentes de comprensión más sólidos entre nosotros.

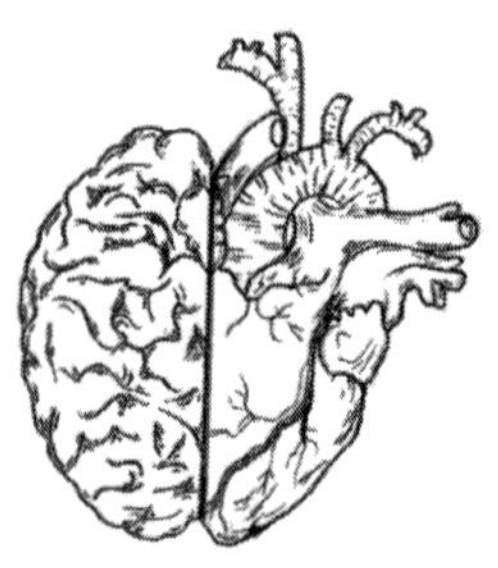

Dibujo realizado por:
Gabriel García Jaén,
16 años

Testimonio real

A veces, siento que vivo en un mundo donde nadie realmente me entiende. Mis padres piensan que exagero mis sentimientos, mis amigos no comprenden por qué ciertas cosas me afectan tanto y con mis compañeros me siento como si hablara un idioma diferente.

Cuando intento expresar lo que siento, las miradas de desconcierto o los comentarios me hacen sentir aún más sola. Es como si estuviera atrapada en mi propia cabeza, luchando contra cosas que nadie más puede ver. A veces, desearía que alguien pudiera entender lo que pasa dentro de mí.

Anónimo

El testimonio refleja la experiencia emocional y el aislamiento que a menudo enfrentan los adolescentes. Describe la sensación de no ser comprendido por sus padres, amigos y compañeros de clase, lo que puede contribuir a una profunda soledad. La falta de empatía y comprensión por parte de los demás puede afectar negativamente la salud mental de los adolescentes, llevándolos a enfrentar desafíos emocionales sin el apoyo adecuado.

Asimismo, destaca la importancia de la empatía y la comunicación abierta en la relación entre padres e hijos, así como en el entorno escolar. Los adolescentes necesitan sentirse escuchados y comprendidos para superar las dificultades emocionales. Además, es necesario destacar la necesidad de crear conciencia sobre la importancia de la salud mental en la adolescencia y fomentar entornos donde los adolescentes se sientan seguros al expresar sus emociones y buscar apoyo.

Este sentimiento no es casualidad; está arraigado en el desarrollo cerebral y las complejas dinámicas familiares y sociales. Aunque el cerebro adolescente aún no alcanza su pleno potencial, las intensas emociones pueden adelantarse a la capacidad cognitiva en desarrollo.

Imaginemos el cerebro como una construcción en evolución, donde diferentes partes se desarrollan en momentos específicos. Esta perspectiva arroja luz sobre por qué los adolescentes experimentan emociones intensas antes de que su cerebro esté completamente equipado para gestionarlas. Este desfase entre la intensidad emocional y la habilidad cognitiva contribuye a la sensación de no ser comprendidos.

Los adultos, a menudo, interpretan estas reacciones como exageradas o irracionales, sin reconocer que para los adolescentes son experiencias abrumadoras y genuinas. Esta discrepancia crea una desconexión en la percepción de la realidad, formando un componente fundamental de la complejidad emocional de la adolescencia.

Testimonio real

A los diecisiete *años mi pasión era el baile, pero mis padres insistían en que estudiara una carrera de ciencias. Sentía que nadie entendía mi deseo de bailar y me hacía sentir solo.*

Eran continuas discusiones, como si debiera anular una parte importante de mí mismo. Pero con el tiempo y muchas conversaciones difíciles, mis padres comenzaron a entender mi pasión. A medida que avanzaba en mis estudios, encontré el equilibrio entre mi amor por el baile y las expectativas académicas.

El puente de la empatía y las señales no verbales

La empatía, esa capacidad única de comprender la perspectiva del otro, se erige como un pilar fundamental en la conexión humana. Más allá de las palabras, esta habilidad tiene el poder de interpretar emociones no expresadas y fortalecer vínculos más allá de las manifestaciones tangibles. A nivel cognitivo, la empatía activa áreas específicas del cerebro, como la corteza cingulada anterior, desempeñando un papel crucial en la comprensión y regulación emocional. Cuando los padres practican la empatía, crean un ambiente donde sus hijos se sienten vistos, escuchados y validados.

Desde una perspectiva neurocientífica, la empatía es una herramienta esencial para conectarse con un adolescente.

En la compleja etapa adolescente, donde la expresión verbal de emociones a veces se ve limitada, el lenguaje corporal y las expresiones faciales se convierten en potentes canales de comunicación. Estas señales no verbales ofrecen una vía directa hacia los sentimientos y pensamientos de los jóvenes, requiriendo una atención especial por parte de los adultos. La sensibilidad a estos signos sutiles es crucial para comprender sus necesidades emocionales y brindar el apoyo adecuado en su camino hacia la madurez.

Además, estas señales no verbales también reflejan el nivel de confort y confianza que los adolescentes experimentan en su entorno y relaciones. Reconocer estas señales nos permite ajustar nuestro enfoque para crear un entorno en el que se sientan seguros y dispuestos a expresarse. En la era digital, el lenguaje corporal se ha trasladado a los dispositivos electrónicos, donde emojis, GIF y otros elementos son considerados señales no verbales que complementan o incluso sustituyen la comunicación verbal. Los adolescentes han dominado este nuevo lenguaje y lo utilizan para expresar una amplia gama de emociones, lo que demanda de nosotros una comprensión igualmente adecuada.

La observación de posturas y el contacto visual en situaciones sociales ofrece valiosas pistas sobre el estado emocional y la percepción del individuo en ese momento. Según Tiedens y Fragale (2003), expertos en comportamiento no verbal, estas manifestaciones no verbales son indicadores significativos de las dinámicas sociales y emocionales de una persona.

> Una postura cerrada o evasión de contacto visual puede indicar que se sienten incómodos o inseguros en una situación dada. Por otro lado, un contacto visual directo y una postura abierta pueden mostrar confianza y seguridad en sí mismos.

Tiedens y Fragale (2003) sugieren que estas posturas defensivas pueden ser mecanismos de autoprotección ante situaciones que el individuo percibe como amenazantes o desafiantes. La evasión de contacto visual y una postura cerrada pueden ser estrategias para minimizar la exposición y reducir la sensación de vulnerabilidad en entornos desconocidos o inciertos.

Por otro lado, el contacto visual directo y una postura abierta son indicadores que pueden expresar confianza y seguridad en sí mismos. El contacto visual directo es a menudo asociado con la sinceridad y la autenticidad en la comunicación. Una postura abierta, que implica mantener el cuerpo más expuesto y relajado, puede reflejar una actitud receptiva y una disposición positiva hacia la interacción social.

Un adolescente que cruza los brazos, frunce el ceño o evita el contacto visual puede estar indicando incomodidad o resistencia.

Ejercicio. Observación de señales no verbales

Los padres y educadores tienen la oportunidad de cultivar habilidades de observación de las señales no verbales que emiten sus adolescentes. Esta práctica implica estar atentos a expresiones faciales, movimientos corporales, posturas y gestos sutiles que, aunque no se traducen en palabras, proporcionan importantes pistas sobre el estado emocional y las experiencias de los adolescentes. Al sintonizar y comprender estos signos no verbales, los padres pueden fortalecer su conexión emocional con sus hijos, fomentar la empatía y, en última instancia, mejorar la comunicación y comprensión mutua en esta etapa crucial de la vida.

Durante una conversación, pueden prestar atención a los gestos, la postura y la expresiones faciales para comprender cómo se sienten realmente.

El acto de empatizar con los adolescentes se extiende más allá de simplemente comprender sus emociones; implica la creación de un entorno seguro y libre de juicios que fomente la apertura y la expresión de pensamientos íntimos y complejos. En este contexto, la inteligencia emocional desempeña un papel fundamental. Autores como Goleman (1995) han destacado la importancia de esta habilidad, que engloba la capacidad de practicar la escucha activa, dejar de lado los prejuicios y mostrar un interés genuino en lo que los adolescentes desean expresar, independientemente de si estamos de acuerdo o no.

La inteligencia emocional, según Goleman (1995), se traduce en una habilidad valiosa para fortalecer la confianza y estrechar los lazos emocionales con los adolescentes. Al practicar la escucha activa, se establece una conexión más profunda y se crea un espacio donde los adolescentes se sienten comprendidos y apoyados en su proceso de desarrollo. Este enfoque resuena con la idea de Rogers (1961) sobre la importancia de proporcionar un clima de aceptación incondicional para fomentar el crecimiento y la autorreflexión.

Ejercicio. Preguntas abiertas y exploratorias

Los padres pueden hacer preguntas como *«¿cómo te sientes acerca de esto?»* o «¿qué pensamientos te vienen a la mente cuando piensas en esa situación?».

Estas preguntas fomentan la reflexión y la autoexploración.

Esto nos demuestra que, más importante que las palabras en sí, radica la verdadera esencia de la comunicación: compartir nuestros pensamientos, emociones y aspiraciones desde lo más profundo de nuestro ser.

> Los padres pueden establecer momentos dedicados a conversaciones significativas con sus hijos.

Durante estas conversaciones, pueden compartir sus propias experiencias de la adolescencia y alentar a sus hijos a expresar sus sentimientos y pensamientos.

> **Testimonio real**
>
> Cuando me arreglo para salir con mis amigas, siento nervios y emoción. Me preocupa que todo esté perfecto, pero, a la vez, me encanta elegir mi ropa y maquillarme. Cuando estoy lista, me veo en el espejo y sonrío. Estoy lista para pasarlo genial con mis chicas y eso supera cualquier nervio. ¡Esos momentos son únicos!
>
> Anónimo

Ejercicio. Escucha activa y preguntas reflexivas

Durante las conversaciones con adolescentes, los padres, tutores y educadores tienen la oportunidad de practicar la escucha activa.

La brecha generacional y la plasticidad cerebral

La brecha generacional puede dificultar la comprensión mutua entre padres e hijos. Sin embargo, la neurociencia nos muestra que el cerebro es altamente adaptable. Los padres pueden aprender a comprender las perspectivas de sus hijos y viceversa, ampliando así sus horizontes emocionales y cognitivos.

Desde una perspectiva neurocientífica, este fenómeno es especialmente notable durante la infancia y la adolescencia, pero persiste de manera significativa en la edad adulta.

La plasticidad cerebral puede ser influenciada por diversos factores, como la estimulación ambiental, el aprendizaje, la interacción social, el estrés y la exposición a experiencias traumáticas.

En términos neurocientíficos, la plasticidad cerebral se manifiesta a través de diversos procesos:

> **Sinaptogénesis.** Es la formación de nuevas conexiones sinápticas entre las neuronas, que se incrementa significativamente durante la etapa infantil y sigue ocurriendo en menor medida en la edad adulta.

> **Podado sináptico.** Es la eliminación de conexiones sinápticas menos utilizadas, lo que optimiza la eficiencia de las redes neuronales. Este proceso ayuda a fortalecer las conexiones más relevantes y descartar las menos importantes.

> **Mielinización.** Es el recubrimiento de las conexiones neuronales con mielina, que mejora la velocidad y eficiencia de la transmisión de señales eléctricas entre las células nerviosas.

Imagina que nuestro cerebro es como un barro maleable que se moldea con las experiencias de la vida. En este contexto, los adolescentes y jóvenes adultos tienen un papel esencial: son como los artistas primerizos que experimentan con nuevas paletas de colores. Son los pioneros de la tecnología y las tendencias culturales y están sumergidos en un mundo digital en constante cambio. Este escenario está dejando huellas únicas en sus cerebros, dado que la exposición temprana y constante a la tecnología está influyendo en la manera en que sus mentes se están desarrollando.

¿Te imaginas cómo esto está remodelando la forma en que pensamos y percibimos el mundo?

Echemos un vistazo a cómo el uso extensivo de dispositivos electrónicos y redes sociales está dejando su huella en nuestra forma de procesar información, comunicarnos y abordar los desafíos diarios. Este impacto no es insignificante, se manifiestan cambios notables en la estructura y función cerebral, especialmente en comparación con generaciones anteriores que no experimentaron una inmersión tan temprana y constante en el entorno digital (Greenfield, 2018).

Esta brecha generacional en la plasticidad cerebral presenta desafíos intrigantes, pero también abre puertas a oportunidades emocionantes. La rápida revolución tecnológica podría resultar en una disparidad en la comprensión y habilidades entre distintas generaciones. No obstante, este fenómeno también nos ofrece la posibilidad de cultivar un diálogo y aprendizaje mutuo, fomentando la comunicación abierta y respetuosa entre generaciones y capitalizando las habilidades únicas de cada grupo de edad (Ito *et al.*, 2010).

La relación entre padres y adolescentes puede transformar esta dinámica en un puente para cerrar la brecha generacional. A pesar de las diferencias en experiencias y contextos, la plasticidad cerebral nos brinda la capacidad de comprender y valorar las perspectivas de cada generación, allanando el camino hacia una convivencia más armoniosa y enriquecedora (Paus, Keshavan, & Giedd, 2008).

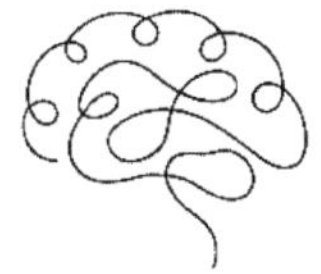

¿Te imaginas el potencial de aprendizaje mutuo que se esconde tras esta interacción generacional?

Esta interacción bidireccional se convierte en una valiosa oportunidad para crecer juntos, aprendiendo el uno del otro. Los adolescentes pueden ofrecer una perspectiva fresca e innovadora, mientras que los padres aportan la estabilidad y el contexto histórico que se necesitan para comprender plenamente el mundo digital en evolución. En este proceso de enseñanza y aprendizaje mutuo, se forja un lazo más fuerte y se logra una comprensión más completa, formando así un escenario en el que todos ganan.

> Imagina a Juan, un padre que no está familiarizado con las redes sociales, y a su hijo, Pedro, que es un usuario ávido. Juan decide aprender sobre las redes sociales para conectarse mejor con su hijo.

A medida que Juan se sumerge en el aprendizaje, su cerebro se adapta y forma nuevas conexiones neuronales. Esta adaptación no solo le permite comprender las actividades de su hijo, sino también fortalece su relación.

Intento explicarles a mis padres que mi teléfono no es solo para llamadas; es mi conexión con el mundo. Pero las redes sociales son un misterio para ellos. ¿Cómo les hago entender que no es solo perder el tiempo, sino mantenerme conectado?

El colegio es otro tema. La presión académica no se compara a cuando ellos eran adolescentes. No es solo pasar exámenes; es enfrentarse a la competencia y a las expectativas que siento a cada paso.

No quiero que piensen que no los valoro. Solo deseo que entiendan lo confuso que es cruzar este abismo entre sus experiencias y las mías. A veces, me siento como un astronauta en un planeta desconocido, tratando de encontrar mi camino.

Anónimo

Situación 1. Cómo aplicar la inteligencia emocional en el famoso «no me entendéis»

Carlos, un adolescente de dieciséis *años que ha estado pasando por una serie de desafíos emocionales en su vida. Últimamente, ha estado sintiendo que su familia no lo entiende, lo que ha causado tensión y malentendidos en* su casa. Él constantemente repite: «No me entendéis».

Carlos está atravesando un momento complicado en el colegio y ha tenido problemas para concentrarse y mantenerse al día con las asignaturas. Sus padres han notado cambios en su comportamiento y rendimiento, pero no comprenden completamente lo que está sucediendo en su mundo interior.

- En lugar de solo insistir en las calificaciones y regañar por su falta de concentración, deciden tener una conversación abierta y compasiva con Carlos.
- Primero, escuchan activamente lo que Carlos tiene que decir. Le permiten expre-

sar sus frustraciones, miedos y desafíos sin juzgarlo. Carlos se siente seguro al hablar sobre sus ansiedades académicas y sociales, así como sobre la presión que siente para cumplir con las expectativas.

- Sus padres reconocen sus emociones y validan sus sentimientos. Le muestran empatía al recordar situaciones en las que también se sintieron abrumados o incomprendidos en su adolescencia. Al compartir sus propias experiencias y cómo las superaron, le brindan a Carlos un sentido de conexión y apoyo emocional.
- A partir de esta comprensión, todos juntos crean un plan para abordar las dificultades de Carlos. Establecen metas realistas y maneras de manejar el estrés. También acuerdan horarios de estudio, momentos para relajarse y métodos para comunicarse de manera más efectiva como familia.

Capítulo 4

NAVEGANDO EN EL MUNDO DIGITAL. EL USO RESPONSABLE DE LAS REDES SOCIALES

En la era digital, hemos presenciado una transformación profunda en la manera en que nos comunicamos, compartimos y conectamos con el mundo que nos rodea. Las redes sociales se han convertido en una parte inseparable de la vida cotidiana, especialmente para los adolescentes, cuyas vidas están moldeadas por la constante interacción en línea. Sin embargo, con el acceso ilimitado a la información y la oportunidad de conexión global, también surge la necesidad de navegar por este mundo virtual con responsabilidad y conciencia.

Las redes sociales han revolucionado la forma en que nos relacionamos, brindándonos una ventana hacia mundos que antes eran inaccesibles. Sin embargo, también han dado lugar a desafíos que son cruciales abordar, especialmente cuando se trata de la salud mental y emocional de los adolescentes. La dopamina que se libera con cada «me gusta» y la constante comparación con los demás pueden afectar la autoestima y las percepciones que los adolescentes tienen de sí mismos.

Cada día, los profesores nos enfrentamos al desafío de lidiar con la invasión constante de las nuevas tecnologías y las redes sociales en nuestras aulas. Aunque tratamos de mantenerlas estrictamente prohibidas, pelear contra su influencia se ha convertido en una batalla que libramos sin descanso. La adicción a los dispositivos electrónicos y la conexión permanente a las redes están teniendo un impacto devastador en el proceso de aprendizaje de nuestros estudiantes. Recuerdo vivamente las veces en las que me vi en la necesidad de quitar el teléfono móvil de algún adolescente debido a un uso inapropiado o excesivo. En esos momentos, sus miradas desafiantes me conmovieron profundamente, como si estuviera arrebatándoles una parte de su ser. Sus ojos reflejaban sorpresa y ansiedad, revelando una sensación de vacío que me preocupó entonces y me sigue preocupando ahora, como si estuviera presenciando cómo se pierde algo esencial en ellos.

En este capítulo, exploraremos la importancia de guiar a los adolescentes hacia un uso responsable de las redes sociales. A través de la lente de la inteligencia emocional, descubriremos cómo comprender los efectos emocionales de las redes sociales, establecer límites saludables y empoderar a los adolescentes para tomar decisiones informadas y positivas en línea. Al entender los matices emocionales y cognitivos de esta era digital, podemos equipar a los adolescentes con las herramientas necesarias para navegar por el mundo virtual de manera saludable y consciente.

Dibujo realizado por:
Gabriel García Jaén,
16 años

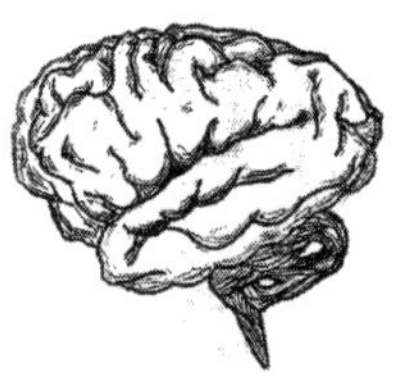

Testimonio real

Hace años me metí en un lío enorme por culpa de las redes sociales. Cada vez que abría mi perfil, era como entrar en una guerra virtual donde las palabras dolían más que los golpes.

Mis padres y profesores notaron que algo no iba bien, pero yo no sabía cómo explicarles lo que estaba pasando. Mis padres intentaban ayudar, pero sus consejos sonaban como discursos anticuados que no se aplicaban a mi realidad.

Fue un profe quien me salvó de verdad. Me escuchó sin juzgar y me dio un espacio seguro para desahogarme.

Con el apoyo de mis padres y mis profesores, poco a poco empecé a sentirme mejor. Aprendí a ignorar los comentarios negativos y rodearme de gente que me quería de verdad. Aunque todavía siento el golpe de los comentarios, ahora siendo más adulto, todo se ve de otra manera.

Anónimo

El poder adictivo de las redes sociales en el cerebro adolescente. La dopamina y el diseño estratégico

Las redes sociales, diseñadas meticulosamente para captar la atención de los usuarios, han demostrado tener un impacto profundo en el cerebro, particularmente en los adolescentes. Están estratégicamente diseñadas para generar una sensación de recompensa y gratificación inmediata al interactuar con ellas, desencadenando respuestas neurológicas que fomentan la adicción.

Este fenómeno es comparable a la respuesta que provoca el consumo de sustancias adictivas en el cerebro.

El principal mecanismo que subyace a la adicción en las redes sociales es la liberación de dopamina, un neurotransmisor asociado con la sensación de placer y recompensa. Cada *like,* comentario, notificación o interacción genera una pequeña descarga de dopamina en el cerebro, reforzando el deseo de continuar utilizando la plataforma. En los adolescentes, cuyo cerebro aún está en desarrollo, esta recompensa constante puede llevar a una mayor sensibilidad y a una búsqueda compulsiva de gratificación en línea.

Además, las redes sociales emplean técnicas de diseño específicas para aumentar la adicción. Utilizan notificaciones, alertas y colores vibrantes que captan la atención y generan una sensación de urgencia para revisar la plataforma. El *scroll* infinito y la carga continua de contenido mantienen a los usuarios inmersos en un ciclo interminable de consumo de información, fomentando la compulsión y dificultando la desconexión.

¿Cómo funciona esta adicción en nuestro cerebro?

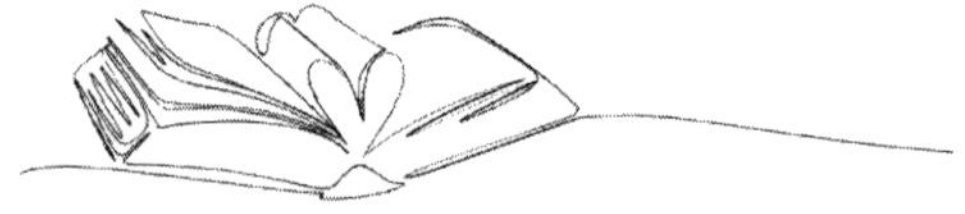

Guille, un adolescente aficionado a la fotografía, adora compartir sus imágenes en las redes sociales.

Cada vez que comparte una nueva foto, recibe una serie de «me gusta» y comentarios elogiando su talento. Cada notificación que llega a su teléfono desencadena una pequeña explosión de dopamina en su cerebro, haciéndolo sentir bien y recompensado, similar a la sensación placentera que obtiene al saborear su helado favorito.

Un día, Guille sube una fotografía que le parece especialmente buena y recibe una cantidad masiva de me gusta en poco tiempo. Esa oleada de notificaciones activa una liberación aún mayor de dopamina, generando una sensación de euforia y felicidad intensa. Desde ese momento, su cerebro asocia fuertemente la acción de compartir fotos en redes sociales con una gratificación significativa.

Con el tiempo, Guille comienza a experimentar momentos de aburrimiento o ansiedad durante su día. En estos momentos, su cerebro le envía señales que le dicen: «Accede a las redes sociales, encontrarás esa felicidad y satisfacción de nuevo». Así, Guille queda atrapado en un ciclo, buscando constantemente la aprobación y el placer que provienen de las interacciones en línea.

Además, las redes sociales emplean trucos para mantener a Guille enganchado. Le envían notificaciones con colores brillantes y vibrantes, como señuelos brillantes, que captan su atención de inmediato. Además, el desplazamiento infinito y la carga continua de contenido mantienen a Guille atrapado en un bucle de consumo, dificultando su desconexión.

Esta combinación de la reacción cerebral y las estrategias de diseño de las redes sociales mantiene a Guille enganchado y lo impulsa a buscar compulsivamente gratificación en línea.

Además, la validación social juega un rol fundamental en el desarrollo de la adicción a las redes sociales, sobre todo en el caso de los adolescentes. Acumular «me gusta», seguidores y comentarios es interpretado como una confirmación de su valía y popularidad, lo que los impulsa a buscar de manera constante aprobación y reconocimiento en el entorno digital.

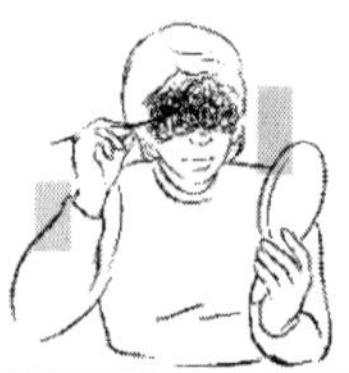

Testimonio real

Cada vez que publico una foto en las redes sociales, experimento una mezcla de emociones. Por un lado, me hace ilusión compartir los momentos con mis amigos y seguidores. Es como una conexión virtual que me gusta. Pero también siento presión.

Si la foto no recibe suficientes me gusta o comentarios positivos, a menudo me siento inseguro. Empiezo a cuestionarme si la foto fue buena o si debería eliminarla. La comparación con las imá-

La constante comparación con otros usuarios y la presión para mantener una imagen idealizada también contribuyen al desarrollo de esta adicción, generando ansiedad y estrés en el proceso.

La constante comparación en las redes sociales puede influir en la percepción que los adolescentes tienen de sí mismos. La activación del sistema de recompensa al recibir comentarios positivos puede ser contrarrestada por la comparación negativa al ver a otros recibiendo más atención. Esta interacción paradójica puede crear una montaña rusa emocional en el cerebro adolescente. La corteza prefrontal, encargada del juicio y la toma de decisiones, aún se encuentra en desarrollo en la adolescencia, lo que puede dificultar que los adolescentes evalúen críticamente la información en línea.

En esta época de conexiones digitales, es imperativo guiar a los adolescentes hacia un uso responsable de las redes sociales. Al ayudar a los adolescentes a ser conscientes de cómo las redes sociales pueden impactar sus emociones y autoestima, podemos empoderarlos para tomar decisiones informadas y saludables en línea. En la encrucijada de la neurociencia y la vida virtual, podemos cultivar una generación de usuarios conscientes que utilizan las redes sociales como una herramienta para la expresión auténtica y el crecimiento personal, en lugar de una fuente de ansiedad y comparación constante.

Miriam, adolescente que pasa horas observando las vidas aparentemente perfectas de sus amigos en las redes sociales. A medida que compara su propia vida con las imágenes cuidadosamente seleccionadas y editadas de los demás, su amígdala, la parte del cerebro relacionada con las emociones, puede activarse en respuesta a sentimientos de envidia y ansiedad. Este proceso puede aumentar el estrés y afectar su autoconcepto.

La era digital ha otorgado a los adolescentes una plataforma sin precedentes para conectarse con el mundo y expresarse. Sin embargo, este difícil panorama virtual también trae consigo un desafío profundo y sutil ¡mantener una conciencia emocional en el mundo digital!

Dibujo realizado por:
Samuel Grande Aguilar, 16 años

Imagina a Marcos, una adolescente que recibe un comentario negativo en una de sus publicaciones. Aunque parece un simple evento en línea, la amígdala de Marcos puede reaccionar ante la percepción de amenaza social. Los neurotransmisores del estrés, como el cortisol, pueden ser liberados, generando ansiedad y malestar emocional. La corteza prefrontal, responsable del control emocional y la autorregulación, aún está en desarrollo en los adolescentes, lo que puede dificultar que Marcos gestione eficazmente su respuesta emocional en línea.

En esta simulación neuronal, podemos comprender cómo la conciencia emocional en línea es un acto de equilibrio delicado. La velocidad de la interacción en las redes sociales puede dificultar la pausa reflexiva que a menudo acompaña a las interacciones cara a cara. Los adolescentes pueden sentirse impulsados por respuestas emocionales rápidas y automáticas, lo que puede llevar a malentendidos y conflictos en línea.

Aquí es donde la inteligencia emocional se convierte en una herramienta crucial. Ayudar a los adolescentes a desarrollar la capacidad de reconocer, comprender y regular sus emociones en línea puede ser transformador.

Dibujo realizado por:
Lucía Pérez Gil, 15 años

Alentar la autorreflexión y el autocontrol antes de responder a situaciones en línea puede ayudar a los adolescentes a tomar decisiones más informadas y conscientes.

Ejercicio. Reflexión sobre las redes sociales

Los adolescentes pueden tomarse un tiempo para reflexionar sobre cómo se sienten después de interactuar en las redes sociales. Pueden preguntarse si se sienten mejor o peor y si esas emociones son saludables.

Las emociones en línea pueden ser tan variadas y complejas como las que experimentamos en nuestra vida fuera de la pantalla. Van desde la alegría, el amor y la empatía hasta la tristeza, la ira y la frustración. Las plataformas en línea, como redes sociales, blogs, foros y aplicaciones de mensajería, proporcionan espacios para que las personas compartan sus experiencias emocionales y se conecten con otros.

Uno de los aspectos interesantes de las emociones en línea es la rapidez con la que pueden propagarse. Un simple mensaje, imagen o vídeo puede desencadenar una reacción emocional en cadena en cuestión de minutos, alcanzando a un gran número de personas. Esto puede crear una especie de «contagio emocional» en línea, donde las emociones se propagan de una persona a otra.

Por otro lado, la expresión de emociones en línea a menudo se ve influenciada por factores como la percepción de privacidad, la cultura digital, la identidad en línea y las expectativas sociales. Las personas pueden sentirse más cómodas expresando ciertas emociones en línea que en situaciones cara a cara o pueden adoptar una versión idealizada de sí mismos para la presentación en línea.

No obstante, también hay desafíos asociados con las emociones en línea. La desinformación, el acoso cibernético, la viralización de contenido negativo y la polarización pueden generar experiencias emocionales perjudiciales. Además, la dependencia emocional de la interacción en línea puede afectar nuestra salud mental y bienestar si no se gestiona de manera adecuada.

Testimonio real

Mis noches solían convertirse en una maratón con el teléfono en mano. Horas y horas deslizándome por las redes sociales, mensajes y *vídeos*. Pero cuando mis padres decidían quitarme el teléfono sentía mucha ansiedad porque ¿cómo iba a enterarme de lo que les pasaba a mis amigas?

Uso responsable y establecimiento de límites

En la sociedad actual, donde la presencia digital es extensa y arraigada, es fundamental mantener un uso consciente y establecer límites adecuados al utilizar las redes sociales. Estas han revolucionado la forma en que nos comunicamos, compartimos información, establecemos conexiones y hasta construimos nuestra identidad en línea. No obstante, este enorme poder de las redes sociales conlleva responsabilidades y riesgos que no deben subestimarse.

Una de las claves para hacer un uso responsable de las redes sociales es mantener una conciencia aguda del tiempo que dedicamos a ellas y el propósito detrás de dicho uso. Esta conciencia puede ayudarnos a establecer metas claras y limitar conscientemente el tiempo que invertimos diariamente en estas plataformas.

El establecimiento de límites va más allá del tiempo. También implica definir límites sobre la cantidad de información que consumimos y cómo nos afecta emocionalmente. Es esencial tener la habilidad de desconectarse y establecer períodos de descanso digital, donde podamos enfocarnos en otras actividades, como interactuar cara a cara con amigos y familiares, participar en *hobbies* o, simplemente, disfrutar de momentos de tranquilidad. Estos límites son fundamentales para mantener nuestro bienestar físico y emocional.

¿Alguna vez te has sentido atrapado en un constante ir y venir de notificaciones, correos electrónicos y mensajes que nunca parecen detenerse? ¿Te has encontrado agotado mental y emocionalmente por la abrumadora cantidad de información digital que recibes día tras día? Ahora, tómate un momento para reflexionar sobre cómo estas experiencias pueden afectar a los adolescentes que están inmersos en el mundo digital. Imagina cómo se sienten constantemente presionados para mantenerse conectados en todo momento, y cómo esto puede generar una sensación de dependencia y ansiedad en ellos. Piensa en la importancia de enseñarles a establecer límites saludables y a tomar descansos digitales para cuidar su bienestar mental y encontrar un equilibrio en sus vidas.

Al entender los desafíos que enfrentan los adolescentes en este mundo digital, podemos trabajar juntos para apoyar su bienestar y ayudarles a desarrollar una relación saludable con la tecnología. A través de esta reflexión honesta y profunda, podemos comenzar a crear un cambio positivo en la forma en que nosotros y los jóvenes interactuamos con la tecnología en nuestras vidas diarias.

El uso responsable y el establecimiento de límites en las redes sociales se trata de equilibrar la conectividad digital con la salud mental, el bienestar personal y las relaciones humanas significativas.

Es un desafío constante en nuestra era digital, pero un desafío que debemos abordar con responsabilidad y conciencia.

La cara oscura de las redes sociales para los adolescentes

El temor a la exclusión social puede llevar a una ansiedad crónica, alimentada por la necesidad de obtener aprobación y validación en línea.

.Andrés es un adolescente de quince años que ha sido víctima de ciberacoso en las redes sociales. Algunos compañeros de clase crean perfiles falsos para difamarlo y compartir rumores perjudiciales sobre él. Andrés se siente acosado, estresado y con miedo de ir a la escuela debido a estas experiencias negativas en línea. La falta de apoyo y orientación sobre cómo manejar esta situación lo lleva a sentirse aislado y ansioso.

Apoyo y orientación. Brindar apoyo emocional y psicológico a Andrés, alentándolo a comunicar las experiencias de acoso a un adulto de confianza, como un padre, un profesor o un consejero escolar.

- **Reportar el acoso.** Enseñar a Andrés a reportar y bloquear a los acosadores en las plataformas donde ocurrió el acoso. Es importante que sepan cómo hacer un uso seguro de las opciones de privacidad y bloqueo.
- **Promoción de la empatía.** Fomentar la empatía en el entorno escolar y comunitario para prevenir el acoso y crear un ambiente más inclusivo y solidario.

Laura, una joven de diecisiete años, está expuesta a contenido perjudicial y peligroso en las redes sociales. Aunque intenta seguir cuentas positivas y educativas, a menudo se encuentra con publicaciones que promueven conductas riesgosas, como desafíos peligrosos, trastornos alimentarios o autolesiones. Esta exposición constante a contenido perjudicial impacta su bienestar mental y la hace sentir insegura y asustada.

- **Educación sobre contenido adecuado.** Ayudar a Laura a comprender cómo discernir contenido perjudicial y peligroso de aquel que es educativo y positivo. Esto puede involucrar explicaciones sobre la fiabilidad de las fuentes y la importancia de verificar información.

- **Control parental y filtros de contenido.** Instalar aplicaciones o herramientas que permitan a los padres establecer límites de acceso y controlar el tipo de contenido al que Laura puede acceder.

- **Fomento del autocuidado.** Enseñar a Laura técnicas de autocuidado, como la meditación, la desconexión digital y la búsqueda de ayuda si se siente abrumada por lo que ve en las redes sociales.

Dibujo realizado por: Miguel Ángel González Martínez, 16 años

Testimonio real

Recuerdo cuando unos amigos decidieron usar las redes para hacerme daño. Fue como un puñetazo en el corazón, me sentí traicionada. La verdad, me dio una vergüenza terrible y me hundí en una tristeza. ¿Por qué lo harían? Me sentí indefensa, sin saber cómo reaccionar ante sus comentarios crueles y las fotos sacadas de contexto.

Me dejó pensando mucho en la importancia de escoger bien a quiénes consideras amigos y de lo que se dice en línea, porque eso puede doler igual que un golpe real. Aprendí a cuidar más mis relaciones y a protegerme, pero todavía siento un nudo en el estómago cada vez que me acuerdo de eso. Me hizo ver lo vulnerable que somos en el mundo digital y cómo las amistades pueden cambiar de la noche a la mañana. Fue una lección que no se me olvidará nunca.

Anónimo

Dibujo realizado por:
Miguel Ángel González
Martínez, 16 años

Estas situaciones reflejan la cara oscura de las redes sociales para los adolescentes. A pesar de que las redes sociales pueden ser herramientas increíblemente útiles para conectar a las personas, también pueden ser entornos que generen ansiedad, inseguridad, acoso y exposición a contenido perjudicial para los adolescentes. Abordar estos desafíos requiere educación, apoyo y un uso consciente y responsable de las redes sociales.

Educación digital y alfabetización mediática

La educación digital y la alfabetización mediática son pilares fundamentales en la formación de adolescentes en la era actual, marcada por la omnipresencia de la tecnología y las redes sociales. Vivimos en un mundo donde la información fluye de manera constante y abundante a través de diversos canales en línea. En este contexto, es fundamental que los adolescentes adquieran las habilidades necesarias para navegar, evaluar y comprender de manera crítica la gran cantidad de información a la que están expuestos.

La educación digital engloba un conjunto de habilidades que van desde el uso básico de herramientas digitales hasta la comprensión profunda de conceptos como privacidad, seguridad en línea, verificación de fuentes y protección contra la desinformación.

Los adolescentes deben aprender a utilizar las tecnologías de manera eficiente y ética, comprendiendo las implicaciones de su uso y cómo estas afectan a su vida y a la sociedad en general.

La alfabetización mediática se enfoca en desarrollar la capacidad de analizar y entender los mensajes que provienen de los medios de comunicación, incluidas las redes sociales. Esto implica reconocer cómo se construyen, representan y transmiten ideas y opiniones a través de diferentes medios y cómo estos pueden influir en la percepción y las actitudes de las personas. Los adolescentes necesitan aprender a interpretar y cuestionar la información que consumen en las redes sociales, identificando posibles sesgos, manipulaciones o agendas ocultas.

Pero ¿cómo logramos realmente preparar a nuestros adolescentes para que puedan interpretar y cuestionar la información que encuentran en las redes sociales? Es esencial que desarrollen habilidades para detectar posibles sesgos, manipulaciones o agendas ocultas. ¿Nos hemos detenido a reflexionar sobre cómo podemos brindarles las herramientas necesarias para que puedan explorar de manera crítica el vasto mundo digital y diferenciar entre la verdad y la desinformación? Este desafío no es solo crucial para la educación de nuestros jóvenes, sino también para la construcción de una sociedad informada y reflexiva.

La enseñanza de estas habilidades debe comenzar en la escuela y en el hogar. Los educadores tienen la responsabilidad de incorporar la educación digital y la alfabetización mediática en los planes de estudio, promoviendo la discusión y el análisis crítico de contenido en línea. Los padres también deben desempeñar un papel activo en la educación digital de sus hijos, dialogando sobre la importancia de la responsabilidad en línea, la privacidad y la verificación de información.

Es vital que los adolescentes comprendan que no todo lo que se presenta en las redes sociales es verídico o imparcial.

La habilidad de discernir entre información precisa y sesgada es crucial en la sociedad actual para tomar decisiones informadas y participar de manera efectiva en el diálogo público. Asimismo, deben conocer los riesgos asociados con la divulgación excesiva de información personal y las potenciales consecuencias negativas que esto puede tener.

Situación 1. Estableciendo rutinas digitales

> Imagina a Lucas, un adolescente apasionado por las redes sociales, quien se encuentra teniendo dificultades para concentrarse en sus estudios debido a su uso excesivo de las redes.

- Sus padres, al comprender las implicaciones neurocientíficas, deciden intervenir.
- Juntos establecen un horario diario que incluye bloques de tiempo designados para el estudio, la actividad física y el uso de las redes sociales.
- Esta estructura ayuda a Lucas a equilibrar sus actividades en línea con sus responsabilidades académicas y su bienestar general.

Situación 2. Fomentando la autorreflexión

> Lara, una adolescente que experimenta altibajos emocionales después de interactuar en línea, encuentra dificultades para regular sus emociones.

- Sus padres, conscientes de cómo la corteza prefrontal aún se está desarrollando en los adolescentes, le enseñan técnicas de autorreflexión.
- Le sugieren que, antes de responder a comentarios o publicaciones, tome un momento para respirar profundamente y considerar cómo se siente en ese momento.
- Esta pausa le permite a Lara evaluar si su respuesta es una reacción automática o una elección consciente.

Situación real 3. Promoviendo la comunicación abierta

> Juan, un adolescente que disfruta mucho del tiempo en línea, ha comenzado a experimentar ansiedad debido a la presión social en las redes sociales.

- Sus padres, reconociendo la importancia de la comunicación abierta, crean un espacio seguro para que Juan comparta sus sentimientos.
- Aprovechan la oportunidad para explicar cómo las redes sociales pueden generar presiones y expectativas poco realistas.
- Al comprender que no está solo en sus sentimientos, Juan se siente más empoderado para regular su tiempo en línea y establecer límites.

Capítulo 5

CUERPO Y MENTE EN EQUILIBRIO: COMPRENDIENDO Y SUPERANDO LOS TRASTORNOS ALIMENTARIOS

Los trastornos alimentarios trascienden más allá de una relación complicada con la comida. Representan un entrelazado de factores físicos, emocionales y mentales que configuran una espiral difícil de comprender y aún más difícil de superar.

Cada día, al interactuar con mis estudiantes adolescentes, no puedo evitar notar en algunos casos los sutiles cambios en sus expresiones faciales y lenguaje corporal cuando se tocan temas relacionados con la alimentación y la imagen corporal. Aunque no pueda ver directamente cómo comen, puedo sentir la tensión en el aire, las miradas fugaces cargadas de ansiedad y los gestos de incomodidad cuando surge cualquier comentario sobre la comida o situaciones en las que deben mostrarse en público. Estas señales son como alarmas silenciosas que advierten de un problema más profundo que está acechando cada vez más a nuestros jóvenes: los trastornos alimentarios.

Presenciar su sufrimiento silencioso mientras luchan con la presión implacable de la sociedad y las expectativas poco realistas de belleza me ha movido a abordar este problema. Es desgarrador ver cómo el ideal de una imagen corporal perfecta se ha infiltrado en la vida de nuestros jóvenes, sembrando semillas de inseguridad y ansiedad que florecen en una relación problemática con la comida y el propio cuerpo.

Este capítulo se sumerge en la oscuridad de los trastornos alimentarios con la esperanza de encontrar una luz de comprensión y apoyo. Es fundamental que entendamos la profundidad de este problema y que trabajemos juntos para ofrecer un camino hacia la recuperación y el bienestar de nuestros jóvenes.

A lo largo de nuestro recorrido, exploraremos diversos trastornos alimentarios, desde la anorexia hasta la bulimia, la compulsión alimentaria y la ortorexia. No obstante, más allá de las definiciones clínicas, nos sumergiremos en las historias personales de aquellos que enfrentan estos trastornos. Estas historias están entrelazadas con su relación con la comida, ciertamente, pero también con su percepción del cuerpo, sus interacciones con el entorno y su procesamiento emocional.

Para comprender plenamente estos trastornos, es esencial sumergirse en las causas subyacentes, que a menudo son de naturaleza multifacética. Las presiones socioculturales, los estándares de belleza, los traumas pasados y las luchas emocionales desempeñan un papel crucial en el desarrollo y la persistencia de estos trastornos. Abordar estos factores y su interacción es fundamental para abordar el problema en su raíz y encontrar formas efectivas de recuperación.

Un componente crucial en este viaje hacia la recuperación implica restablecer un equilibrio armonioso entre el cuerpo y la mente. Esto significa abordar tanto los aspectos físicos del trastorno como los aspectos emocionales y mentales. Al hacerlo, no solo apuntamos a una recuperación física, sino también a una transformación integral que permita a los individuos encontrar la paz con su cuerpo y cultivar una relación saludable con la comida.

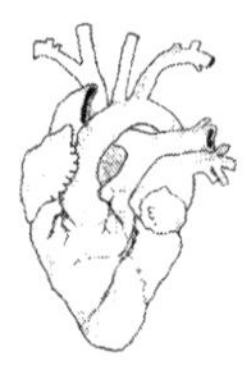

Dibujo pintado por
Gabriel García Jaén, 16 años

Testimonio real

Vivir con un trastorno alimentario ha sido como estar en un agujero negro. Cada comida se convierte en una batalla en mi mente, donde la culpa, la vergüenza y el miedo compiten con el deseo de control y perfección. Mi cuerpo se ha convertido en una zona de conflicto constante y cada comida es una lucha. Por fuera, puedo aparentar normalidad, pero en mi interior siento una constante tormenta de autocrítica y ansiedad.

El apoyo de una de mis profesoras, familia y amigos ha sido mi esperanza en medio de este caos. A medida que avanzo en mi recuperación, estoy aprendiendo a valorar la importancia de la salud mental y el autocuidado. Entiendo que la recuperación es un camino muy largo y desafiante, pero estoy comenzando a creer que merezco una vida en la que no tenga que pelear contra mí misma todos los días.

Anónimo

Los trastornos alimentarios en la era moderna: una epidemia silenciosa

En la era moderna, los trastornos alimentarios han surgido como una epidemia silenciosa que afecta a individuos de todas las edades, géneros y trasfondos culturales. Condiciones como la anorexia nerviosa, la bulimia nerviosa, la compulsión alimentaria y la ortorexia tienen profundas implicaciones para la salud física y mental de quienes las padecen. En un mundo donde la percepción del cuerpo, los estándares de belleza y la disponibilidad de alimentos están en constante cambio, resulta crucial examinar estos trastornos desde una perspectiva neurocientífica para comprender sus raíces y abordarlos de manera efectiva.

El cerebro humano juega un papel central en la regulación del apetito, la saciedad y las respuestas emocionales ante la comida. Varias regiones cerebrales colaboran de manera intrincada en este proceso, siendo el hipotálamo una de las áreas clave. Núcleos como el arcuato y el ventromedial en el hipotálamo generan hormonas esenciales como la leptina y la grelina, que ayudan a regular la sensación de hambre y saciedad, influyendo así en la cantidad de alimentos que consumimos.

La leptina, producida por las células grasas, indica al cerebro cuando estamos saciados; mientras que la grelina, producida por el estómago, estimula el apetito.

Por otro lado, el sistema límbico, que incluye estructuras como la amígdala y el núcleo accumbens, está relacionado con las respuestas emocionales y de recompensa asociadas con la comida. La amígdala desempeña un papel crucial al vincular experiencias emocionales con la alimentación, influyendo así en nuestras elecciones alimentarias basándose en asociaciones emocionales previas. En cuanto al núcleo accumbens, que forma parte del sistema de recompensa, se activa al consumir alimentos gratificantes. Este proceso libera dopamina, generando sensaciones placenteras que refuerzan la conducta de búsqueda y consumo de alimentos.

Para comprender esto, vamos a imaginar el cerebro como el centro de mando de un parque de atracciones. Este parque tiene dos áreas principales: la sección de «hambre» y la de «placer». La administración del parque, representada por el hipotálamo, controla cuántas personas entran y salen de estas secciones.

En la sección de hambre, hay dos contadores esenciales: uno para la leptina y otro para la grelina. La leptina es como un botón que dice: «Estamos llenos, cierren la entrada». Si hay muchas personas dentro, se aprieta el botón y se cierra la entrada, lo que nos hace sentirnos satisfechos y nos aleja de más comida. Por otro lado, la grelina es como una invitación para entrar. Cuando hay pocas personas, envía ofertas para llenar el parque y nos da hambre.

En la sección de placer, tenemos dos atracciones principales: la montaña rusa de la amígdala y la caída libre del núcleo accumbens. La montaña rusa de la amígdala está diseñada para asociar emociones con alimentos. Si alguna vez nos sentimos felices comiendo palomitas en una película, la amígdala recuerda esa emoción. Entonces, cuando vemos palomitas más tarde, nos recuerda la diversión que tuvimos y nos atrae hacia ellas. En cambio, la caída libre del núcleo accumbens es la recompensa. Cada vez que nos subimos a la caída libre —comemos algo que nos gusta—, liberamos una dosis de adrenalina, sintiendo una oleada de emoción que nos hace querer repetir la experiencia.

En este parque cerebral, el cerebro dirige la cantidad de gente en cada área y asegura que todos tengan una experiencia divertida. Las hormonas y las emociones se convierten en las entradas y las atracciones que hacen que nuestro paseo por el parque de la alimentación sea emocionante y placentero.

Cuando consumimos alimentos altamente gratificantes, como aquellos ricos en azúcares y grasas, se libera dopamina en el núcleo accumbens, generando sensaciones de placer y recompensa. Con el tiempo, esta liberación de dopamina refuerza la conexión entre el acto de comer estos alimentos y la sensación de placer, promoviendo la repetición de este comportamiento.

Testimonio real

Comer, para mí, se convirtió en un ciclo desgarrador. Cada vez que tenía una comida enfrente, sentía una mezcla de ansiedad y de deseos incontrolables. Comer parecía una vía de escape temporal, una especie de alivio para mis emociones. Pero, al mismo tiempo, venía cargado de culpa y vergüenza.

Cada bocado desencadenaba una batalla interna, una lucha entre el deseo de sentirme mejor y el miedo de ganar peso. Después de comer, venía la culpa aplastante y la necesidad de eliminar lo que había comido. Las purgas se convirtieron en una rutina angustiosa y me dejaban agotada física y emocionalmente. Me sentía atrapada en este ciclo sin fin, buscando consuelo en la comida y luego luchando por deshacerme de ella. Era como estar atrapada en una tormenta de autodestrucción.

Anónimo

La corteza prefrontal, ubicada en la parte frontal del cerebro, actúa como el director ejecutivo de nuestras elecciones alimentarias. Desempeña un papel crucial en la toma de decisiones sobre qué comer, cómo planificar nuestras comidas y en el control mental para evaluar la calidad y cantidad de alimentos que consumimos. Esta función es esencial para mantener una dieta equilibrada y adecuada que beneficie nuestra salud.

Además, el cerebro procesa señales periféricas del tracto gastrointestinal, como la distensión gástrica y la presencia de nutrientes, mediante un circuito que incluye el sistema nervioso entérico y el nervio vago. Estas señales periféricas se integran en el cerebro, especialmente en el hipotálamo, para regular la sensación de saciedad y coordinar la finalización de la ingesta de alimentos.

En los trastornos alimentarios, esta delicada relación puede desequilibrarse, llevando a patrones disfuncionales de alimentación y a una relación alterada con el cuerpo. La cascada de recompensas en el cerebro es un fenómeno fundamental para comprender cómo los trastornos alimentarios pueden desarrollarse y persistir. En respuesta a la ingesta de alimentos y la satisfacción de necesidades nutricionales, el cerebro libera neurotransmisores como la dopamina, generando sensaciones de placer y recompensa. Sin embargo, en los trastornos alimentarios, esta cascada puede verse comprometida.

Las restricciones extremas de alimentos, como en la anorexia nerviosa, pueden desencadenar respuestas neuroquímicas que refuerzan la privación y reducen la recompensa asociada con la comida, creando un ciclo autodestructivo.

El cuerpo como espejo de la mente

Sumergirse en el complejo vínculo entre la mente y el cuerpo es un viaje intrigante. A lo largo de la historia, hemos entendido que nuestro cuerpo no solo refleja la salud física, sino que también actúa como un espejo de los procesos mentales y emocionales internos. Esta conexión se vuelve particularmente clara y complicada cuando se trata de trastornos alimentarios.

La anorexia nerviosa, la bulimia nerviosa y la ortorexia surgen como manifestaciones externas de desafíos internos en nuestra salud mental y emocional. La relación entre alimentación, control y autoestima se convierte en una ventana hacia las luchas internas de cada individuo. La comida y el cuerpo se convierten en un campo de batalla simbólico, donde se expresan temores, inseguridades y ansiedades difíciles de comunicar verbalmente.

La autoimagen y la autoestima, entrelazadas con la percepción del cuerpo, forman parte de este complejo entramado emocional. La sociedad moderna, saturada de imágenes idealizadas y estándares de belleza inalcanzables, desencadena una comparación constante que distorsiona la percepción de uno mismo, alimentando la autocrítica. La mente internaliza estas percepciones distorsionadas, lo que puede llevar a la insatisfacción corporal y desencadenar trastornos alimentarios.

En el ámbito de la neurociencia, los trastornos alimentarios revelan sus raíces en circuitos cerebrales y emocionales complejos. La corteza prefrontal, encargada del autocontrol y la toma de decisiones, muestra una activación anormal, al igual que el sistema límbico, vinculado a las emociones. Esta dualidad puede contribuir a la búsqueda obsesiva de la delgadez y a la adopción de comportamientos alimentarios extremos.

Este órgano vital, con su red de neuronas y sistemas químicos intrincados, es altamente sensible a la disponibilidad y equilibrio de nutrientes esenciales. La falta de vitaminas, minerales, grasas saludables y aminoácidos afecta directamente la estructura y función cerebral.

Explorar esta conexión única nos sumerge en la comprensión de la fragilidad de la mente y el cuerpo, subrayando la importancia de abordar los trastornos alimentarios desde una perspectiva integral que considere tanto la salud física como la mental.

La malnutrición resultante de los trastornos alimentarios puede tener efectos devastadores en el cerebro.

La malnutrición desequilibra los procesos metabólicos y compromete la integridad de las células cerebrales. La estructura de las membranas celulares, vital para la transmisión de señales eléctricas y químicas, se ve comprometida sin una cantidad suficiente de nutrientes adecuados. Esto repercute en la eficiencia de la comunicación neuronal, afectando funciones cognitivas como la concentración, la memoria y la toma de decisiones.

Los neurotransmisores, mensajeros químicos clave en el cerebro, se ven directamente afectados por la malnutrición.

Estas sustancias son cruciales para la regulación del estado de ánimo, la cognición y diversas funciones mentales. La deficiencia de nutrientes puede alterar la producción y la función de neurotransmisores, generando desequilibrios que pueden manifestarse en problemas emocionales y cognitivos.

La malnutrición prolongada también puede provocar la atrofia cerebral, disminuyendo el tamaño y la masa cerebral.

Esta reducción estructural puede asociarse con déficits cognitivos y cambios en la personalidad. Además, la función de la barrera hematoencefálica, que protege al cerebro de sustancias nocivas en la sangre, puede debilitarse debido a la malnutrición, permitiendo el ingreso de compuestos tóxicos que dañan las células cerebrales.

Imaginemos a Adela, una adolescente de quince años, que está pasando por un período de exámenes finales en la escuela. En este momento, está lidiando con altos niveles de estrés debido a la presión de rendir bien en sus pruebas.

- Desde una perspectiva neurocientífica, el estrés en su cuerpo libera hormonas como el cortisol y la adrenalina en su cerebro. Estas hormonas, en pequeñas dosis, pueden ser útiles para estar alerta y concentrada, lo que es importante durante los exámenes. Sin embargo, en exceso, el cortisol puede tener efectos perjudiciales. Puede interferir con la función cognitiva y dificultar la memoria y la concentración a largo plazo.

- Ahora, Adela está tratando de mantenerse enfocada en sus estudios y su preparación para los exámenes. Una dieta adecuada es fundamental en este momento. Si Adela consume alimentos ricos en nutrientes esenciales, como frutas, verduras, granos enteros y proteínas magras, está proporcionando a su cerebro los «combustibles» necesarios para funcionar en su mejor rendimiento. Estos alimentos contienen vitaminas, minerales y otros nutrientes que son fundamentales para el buen funcionamiento cerebral.

- Por otro lado, si Adela se salta comidas o consume alimentos poco nutritivos, como comida rápida alta en grasas y azúcares, podría estar privando a su cerebro de los nutrientes necesarios para una óptima función cognitiva. La malnutrición en este período crucial puede resultar en fatiga, falta de concentración y dificultad para procesar y retener información.

Testimonio real

Mi trastorno alimentario comenzó de manera sigilosa y casi imperceptible. Al principio, todo se reducía a querer perder un poco de peso para sentirme mejor conmigo misma. Decidí hacer algunas restricciones en mi dieta y aumentar la cantidad de ejercicio. Parecía inofensivo, pero gradualmente esas restricciones se volvieron más estrictas.

Comencé a eliminar grupos enteros de alimentos y a contar meticulosamente las calorías. La obsesión con la comida y el peso creció día a día. Me pesaba constantemente y mi autoestima estaba ligada a ese número en la balanza. No pasó mucho tiempo antes de que la purga se convirtiera en una parte de mi rutina. Fue un camino muy difícil y, a medida que me adentraba más en él, se volvía cada vez más difícil dar marcha atrás. Mi trastorno alimentario comenzó como una búsqueda de control, pero pronto se convirtió en una prisión de la que me parecía imposible escapar.

Anónimo

Tipos de trastornos alimentarios y sus características

Los trastornos alimentarios son un conjunto complejo de condiciones psicológicas que afectan significativamente a quienes los padecen. Como hemos visto, estos trastornos no solo impactan en la salud física, sino que también ejercen un profundo efecto en la salud mental y emocional de los individuos que los experimentan.

En el terreno biológico, nos sumergiremos en la búsqueda de pistas sobre la predisposición a los trastornos alimentarios.

¿Qué factores genéticos y neuroquímicos hay en juego?

Los trastornos alimentarios, como la anorexia y la bulimia, han sido objeto de mucha investigación. Estudios recientes, como el de Watson y su equipo en el 2019, han encontrado ciertos genes que pueden estar vinculados a estos trastornos.

En el cerebro, la manera en que las células se comunican a través de neurotransmisores también es clave en estos problemas. Si algo no funciona bien en esta comunicación, puede afectar en cómo vemos la comida y cómo controlamos el hambre y nuestras emociones relacionadas con la comida (Boraska *et al.*, 2014).

Es importante saber que la genética y el funcionamiento del cerebro no trabajan solos. Aunque tengamos ciertos genes relacionados con estos trastornos, eso no garantiza que los tendremos. Hay muchas otras cosas que entran en juego, como el entorno y cómo nos criamos.

Echemos un vistazo a algunos de los trastornos alimentarios más frecuentes en la actualidad.

La anorexia nerviosa

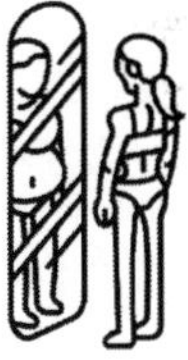

Las personas con anorexia a menudo perciben su cuerpo de manera distorsionada y tienen una obsesión con alcanzar una figura corporal extremadamente delgada. A nivel neurobiológico, la anorexia se asocia con alteraciones en varias áreas del cerebro, incluida la corteza prefrontal. Además, se ha observado una conexión entre la anorexia y desequilibrios en los neurotransmisores, como la serotonina y la dopamina, que influyen en el estado de ánimo y la regulación emocional.

La restricción alimentaria extrema en la anorexia puede llevar a una serie de efectos negativos en el cerebro y el cuerpo. La falta de nutrientes esenciales puede afectar la función cerebral, causando dificultades en la concentración, la memoria y la cognición en general. Además, el cerebro puede experimentar cambios en la estructura y la conectividad neuronal como resultado de la malnutrición. Esta conexión entre la malnutrición y los cambios cerebrales puede contribuir a la rigidez cognitiva y la perseveración observada en las personas con anorexia.

La bulimia nerviosa

Estos ciclos pueden tener efectos devastadores en el cuerpo y la mente. En términos neurocientíficos, los atracones y las purgas afectan el sistema de recompensa del cerebro.

Se caracteriza por episodios recurrentes de atracones, seguidos de conductas de purga, como el vómito autoinducido o el uso excesivo de laxantes.

Durante los atracones, se libera dopamina, lo que puede generar un alivio temporal de las emociones negativas. Sin embargo, la culpa y la vergüenza que siguen a menudo a los atracones pueden intensificar la necesidad de purgar, creando un ciclo adictivo.

La bulimia también puede afectar la función cardíaca y los niveles de electrolitos debido a las purgas frecuentes, lo que, a su vez, puede influir en la función cerebral. Los desequilibrios electrolíticos pueden llevar a problemas neurológicos, como convulsiones y confusión. Además, la repetición de los ciclos de atracones y purgas puede tener un impacto negativo en la estructura y función del hipocampo, una región crucial para la memoria y el aprendizaje.

El trastorno por atracón

Se caracteriza por episodios recurrentes de consumo excesivo de alimentos, similar a los atracones en la bulimia, pero sin conductas de purga.

Este trastorno se relaciona con dificultades emocionales, ya que el consumo excesivo de alimentos a menudo se utiliza como una forma de afrontar el estrés, la ansiedad o la depresión.

El trastorno por atracón también está asociado con cambios en la estructura y la función cerebral. La relación entre la ingesta de alimentos altamente palatables y la liberación de dopamina puede llevar a la desensibilización de los receptores de dopamina, lo que significa que con el tiempo se necesita más comida para obtener la misma sensación de recompensa. Esto puede crear un ciclo en el que se busca constantemente la gratificación a través de la comida.

La ortorexia

La ortorexia es un trastorno alimentario que se caracteriza por una obsesión extrema y poco saludable por consumir alimentos considerados «puros» o «limpios».

Las personas con ortorexia tienen una preocupación obsesiva por la calidad y la pureza de los alimentos que consumen, a menudo enfocándose en que sean orgánicos, frescos, naturales o libres de aditivos, pesticidas o ingredientes procesados.

A diferencia de otras condiciones alimentarias, como la anorexia o la bulimia, en la ortorexia la preocupación principal no es la cantidad de comida o la apariencia física, sino la calidad y composición de los alimentos. Esta obsesión puede llevar a prácticas dietéticas extremas, como evitar grupos enteros de alimentos o eliminar alimentos de la dieta de manera arbitraria.

Las personas con ortorexia pueden experimentar altos niveles de ansiedad y culpa si no cumplen con sus estándares autoimpuestos de alimentación saludable. Esto puede conducir a la limitación severa de la dieta y aislamiento social.

Enfrentando los trastornos alimentarios

Enfrentar los trastornos alimentarios no solo implica reconocer la existencia del problema, sino también buscar y aceptar la ayuda adecuada. Desde una perspectiva neurocientífica, entender cómo estos trastornos afectan el cerebro y la mente es esencial para abordarlos de manera efectiva.

Reconocer la necesidad de ayuda es un paso crucial en el camino hacia la recuperación. A nivel neurobiológico, los trastornos alimentarios involucran disfunciones en las áreas del cerebro responsables de la regulación del apetito, el placer y las emociones.

En la anorexia nerviosa, se han identificado alteraciones en el sistema dopaminérgico, lo que puede contribuir a la aversión hacia la comida y la reducción de la sensación de recompensa.

Esto resalta que los trastornos alimentarios no son simplemente una cuestión de elección personal, sino que tienen raíces biológicas y neuroquímicas.

Aquí es donde entra en juego la importancia de amigos, familiares y profesionales de la salud mental. Las personas que rodean a alguien que lucha contra un trastorno alimentario pueden desempeñar un papel vital al brindar apoyo emocional y alentar la búsqueda de ayuda profesional. Comprender que estos trastornos afectan la biología cerebral puede ayudar a eliminar el estigma asociado y promover un ambiente de comprensión y compasión.

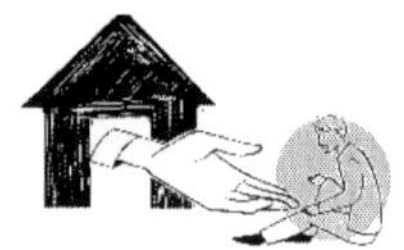

La recuperación de los trastornos alimentarios no se trata solo de superar los síntomas evidentes; también implica adoptar un enfoque holístico que aborde todas las dimensiones de la salud.

La actividad física también juega un papel importante en la recuperación. Sin embargo, es fundamental abordarla de manera saludable y equilibrada. La obsesión por el ejercicio excesivo, común en algunos trastornos alimentarios, puede tener efectos adversos en el cerebro y el cuerpo. En cambio, adoptar una actividad física moderada y placentera puede contribuir a la liberación de endorfinas, mejorando el estado de ánimo y promoviendo la salud cerebral.

La nutrición adecuada es esencial para restaurar el equilibrio bioquímico en el cerebro y el cuerpo. Las deficiencias nutricionales pueden afectar la función cerebral y exacerbar los síntomas de los trastornos alimentarios. Desde una perspectiva neurocientífica, una dieta equilibrada puede contribuir a la producción y regulación de neurotransmisores clave involucrados en el estado de ánimo y el bienestar.

No se puede pasar por alto el aspecto de la salud mental. La terapia dirigida a reducir la ansiedad, mejorar la autoestima y desarrollar habilidades de afrontamiento es esencial para construir una base sólida para la recuperación a largo plazo. La neuroplasticidad del cerebro permite el aprendizaje y el cambio incluso en la edad adulta, lo que significa que es posible reentrenar las respuestas emocionales y cognitivas negativas que pueden perpetuar los trastornos alimentarios.

Testimonio real

Mi proceso de recuperación del trastorno alimentario fue un camino difícil, pero finalmente encontré la fuerza para curarme. Fue un proceso largo y lleno de obstáculos, pero el primer paso fue admitir que necesitaba ayuda. Comencé a hablar con un terapeuta especializado en trastornos alimentarios, lo que resultó ser una parte fundamental de mi recuperación.

Aprendí a reconstruir mi relación con la comida y conmigo misma. Fue un viaje de autodescubrimiento, donde me enfrenté a las raíces de mis problemas emocionales y aprendí a manejar las emociones sin recurrir a la alimentación desordenada. El apoyo de mi familia y amigos fue invaluable, ya que me ayudaron a mantenerme en el camino de la recuperación y me recordaron que merecía una vida feliz y saludable. A medida que avanzaba en mi recuperación, redescubrí la alegría de la vida sin la sombra del trastorno alimentario. Aunque todavía tengo mis desafíos, me siento más fuerte y más en paz conmigo misma que nunca antes.

Anónimo

En la sociedad contemporánea, la preocupación por la salud mental y emocional ha aumentado considerablemente y con razón. Estas condiciones no solo afectan la salud física, sino que también tienen un profundo impacto en la calidad de vida y el bienestar psicológico de quienes las padecen. En este contexto, la educación y la creación de conciencia emergen como herramientas esenciales para prevenir la aparición de estos trastornos y fomentar una cultura de aceptación y apoyo.

La educación desempeña un papel fundamental en la prevención de los trastornos alimentarios, ya que proporciona a las personas información precisa y actualizada sobre la nutrición, la salud mental y las implicaciones de los hábitos alimentarios inadecuados.

Pero ¿cómo funciona realmente la educación en el cerebro?

La neurociencia nos ofrece una perspectiva única sobre este proceso.

La educación activa áreas clave del cerebro, como la corteza prefrontal y el hipocampo. La corteza prefrontal está involucrada en la toma de decisiones y la regulación emocional, mientras que el hipocampo juega un papel en la consolidación de la memoria.

Cuando se brinda información educativa sobre los riesgos asociados con los trastornos alimentarios y se enfatizan los beneficios de una relación saludable con la comida, estas áreas cerebrales se activan, lo que facilita la comprensión y el almacenamiento de esta información. Además, el cerebro humano es altamente adaptable, lo que significa que la educación constante puede llevar a cambios duraderos en las actitudes y comportamientos.

La imagen corporal negativa es una preocupación central relacionada con los trastornos alimentarios y la salud mental en general. La presión social para cumplir con ciertos estándares de belleza puede tener un impacto negativo en la percepción que una persona tiene de sí misma. Sin embargo, la neurociencia nos revela que la plasticidad cerebral puede ser aprovechada para fomentar una imagen corporal positiva y una aceptación más amplia de la diversidad.

Mediante la práctica constante de la autoaceptación y la promoción de la diversidad corporal, es posible alterar las redes neuronales relacionadas con la autoimagen y la autoestima. La meditación y las técnicas de atención plena, respaldadas por investigaciones en neurociencia, también pueden ser herramientas efectivas para cultivar una relación más saludable con el propio cuerpo y reducir la influencia negativa de los estándares de belleza poco realistas.

La prevención de los trastornos alimentarios y la promoción de una cultura de aceptación y apoyo son desafíos que exigen una estrategia multifacética. La educación y la creación de conciencia son pilares fundamentales en este esfuerzo, ya que permiten que las personas comprendan las implicaciones de sus acciones en la salud mental y emocional. La neurociencia nos muestra que la educación constante puede conducir a cambios cerebrales beneficiosos y duraderos.

Además, la promoción de una imagen corporal positiva y la aceptación de la diversidad corporal tienen un sólido respaldo en la neurociencia de la plasticidad cerebral.

En última instancia, el compromiso continuo con la educación, la conciencia y la promoción de una imagen corporal positiva puede allanar el camino hacia una sociedad más empática y saludable mentalmente, donde los trastornos alimentarios sean menos frecuentes y donde la diversidad en todas sus formas sea celebrada y respetada.

> Al nutrir constantemente pensamientos y actitudes positivos hacia el propio cuerpo, es posible remodelar las conexiones neuronales y, en última instancia, fortalecer la autoestima y la resiliencia emocional.

Terapia y tratamiento: abordando los aspectos físicos y emocionales

El tratamiento de los trastornos alimentarios, abordando tanto los aspectos físicos como los emocionales, es fundamental para la recuperación y el bienestar integral de quienes padecen estas condiciones. Estos trastornos no solo afectan el cuerpo físico, sino que también tienen un impacto profundo en el bienestar emocional, mental y social de la persona.

Desde una perspectiva física, el tratamiento implica establecer un plan nutricional adecuado para restaurar y mantener un estado nutricional óptimo. Esto puede requerir la supervisión de profesionales de la salud, como nutricionistas y médicos especializados en trastornos alimentarios, para garantizar que se estén cumpliendo las necesidades nutricionales esenciales. Además, es importante abordar las complicaciones físicas que pueden surgir a raíz de la desnutrición o de conductas alimentarias perjudiciales.

Por otro lado, desde una perspectiva emocional, la terapia juega un papel crucial. Los trastornos alimentarios suelen estar vinculados a problemas emocionales subyacentes, como baja autoestima, ansiedad, depresión, traumas pasados o dificultades en las relaciones interpersonales. La terapia permite explorar estas cuestiones, comprender los factores desencadenantes y aprender estrategias para afrontar de manera saludable las emociones y los pensamientos negativos asociados con la alimentación y el cuerpo.

Diferentes enfoques terapéuticos han demostrado ser efectivos en abordar los aspectos físicos y emocionales de estas enfermedades.

La terapia cognitivo-conductual (TCC) se centra en identificar y cambiar patrones de pensamiento negativos y comportamientos disfuncionales.

Desde una perspectiva neurocientífica, la TCC puede ayudar a remodelar las conexiones neuronales que contribuyen a la autopercepción negativa y a los hábitos alimentarios problemáticos.

En términos neurobiológicos, la ACT puede influir en la plasticidad cerebral, permitiendo la formación de nuevas conexiones neuronales que respalden una relación más saludable con la comida y la imagen corporal.

La terapia de aceptación y compromiso (ACT) se basa en la idea de que aceptar pensamientos y emociones difíciles, en lugar de suprimirlos, puede facilitar el cambio conductual positivo.

A continuación, vamos a explorar situaciones reales en las que se presentan trastornos alimentarios y discutir cómo la inteligencia emocional puede desempeñar un papel vital en abordar estos desafíos.

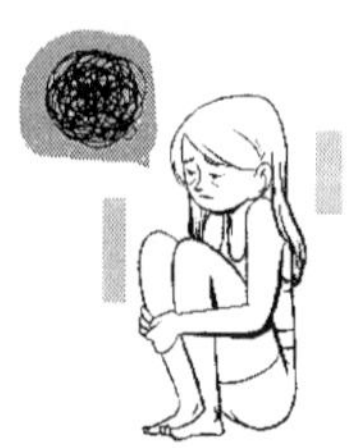

Situación 1

> Una amiga cercana ha estado mostrando signos de preocupante pérdida de peso y comportamientos alimentarios restrictivos.

- Invita a tu amiga a tomar un café y habla con ella sobre tus preocupaciones de manera amorosa y sin juicios.
- Muestra empatía y escucha activamente mientras compartes información basada en la educación sobre los trastornos alimentarios y sus efectos en la salud mental y física.
- Al usar tu comprensión de la neurociencia, explícale cómo ciertos comportamientos pueden afectar su cerebro y bienestar emocional a largo plazo.

Situación 2

> Un familiar está luchando con una imagen corporal negativa y se compara constantemente con estándares de belleza poco realistas.

- Comparte información respaldada por la neurociencia sobre la plasticidad cerebral y cómo es posible cambiar la percepción que se tiene de sí mismo.
- Anímale a practicar la atención plena y la meditación para remodelar las redes neuronales asociadas con la autoimagen y la autoestima.
- Juntos pueden realizar ejercicios de afirmación y gratitud para resaltar las cualidades y logros no relacionados con la apariencia física.

Situación 3

> Tu hermano ha estado experimentando episodios de atracones alimentarios seguidos de sentimientos de culpa y vergüenza.

- Ayúdalo a entender cómo funcionan las recompensas y los circuitos de gratificación en el cerebro.
- Explícale que los atracones pueden desencadenar una liberación de dopamina momentánea, pero que a largo plazo pueden afectar negativamente su bienestar emocional.
- Juntos pueden trabajar en la identificación de desencadenantes emocionales y desarrollar estrategias saludables para afrontar el estrés y las emociones difíciles.

> Un amigo cercano ha estado participando en conversaciones negativas sobre el peso y la apariencia en su grupo de amigos, lo que está afectando su autoestima.

- Comparte con tu amigo cómo la neurociencia respalda la influencia del entorno en la formación de patrones de pensamiento.
- Explícale que rodearse de conversaciones negativas puede reforzar circuitos cerebrales negativos y socavar la autoestima.
- Juntos pueden encontrar formas de establecer límites en las conversaciones y buscar amistades y ambientes más positivos y de apoyo.

La educación basada en la neurociencia ayuda a comprender mejor cómo funcionan los procesos cerebrales relacionados con los trastornos alimentarios, mientras que la inteligencia emocional permite establecer conexiones empáticas y fomentar un ambiente de apoyo y aceptación. Juntos, estos enfoques pueden marcar una diferencia significativa en la vida de las personas que luchan con estos desafíos.

Capítulo 6

CAMINAR HACIA LA ARMONÍA AFRONTANDO LOS PROBLEMAS CON LA INTELIGENCIA EMOCIONAL

En el camino de la vida, a menudo nos encontramos con obstáculos inesperados, curvas cerradas y desafíos que nos hacen detenernos y reflexionar. Estos obstáculos no son simplemente barreras físicas, sino que también residen en el reino de las emociones. En este capítulo, se desentraña una habilidad poderosa y esencial: la inteligencia emocional.

Afrontar problemas con inteligencia emocional implica mucho más que simplemente reconocer y entender nuestras emociones. Significa cultivar la sabiduría para gestionarlas, canalizarlas de manera positiva y comprender cómo influyen en nuestras acciones y relaciones. Es una habilidad que va al corazón de la armonía interior y exterior.

La inteligencia emocional no se trata solo de sentir; se trata de responder con sabiduría. Requiere una profunda autoconciencia, la habilidad de reconocer nuestras emociones incluso en medio de la tormenta, y luego la autorregulación para no ser dominados por ellas. Implica empatía, la capacidad de entender y compartir los sentimientos de otros y habilidades sociales para manejar esas emociones en relaciones interpersonales.

A lo largo de estas líneas, aprenderemos a entender que, en medio de desafíos y conflictos, nuestras emociones son como corrientes en un río. Pueden llevarnos a aguas turbulentas o a orillas más tranquilas. Depende de cómo naveguemos y canalicemos esas emociones. Cuando abrazamos la inteligencia emocional, aprendemos a utilizar las corrientes emocionales de una manera que nos lleve hacia la calma y la resolución, en lugar de hacia el caos y el conflicto.

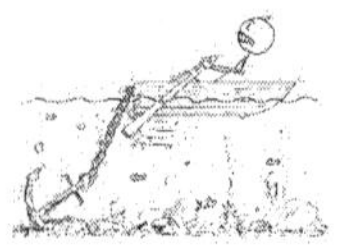

Una pieza clave de este rompecabezas es la empatía, la habilidad de ponernos en los zapatos de los demás. Al hacerlo, logramos una mejor comprensión y conexión y esto a menudo allana el camino hacia soluciones pacíficas. Esto no significa que siempre estaremos de acuerdo o que no habrá desafíos, pero sí significa que podemos navegar esas aguas con comprensión mutua.

Tomémonos un momento para reflexionar sobre cómo la empatía puede transformar una situación difícil en una oportunidad de crecimiento y conexión genuina. ¿Qué cambios hemos percibido en nuestras relaciones cuando nos hemos esforzado por comprender verdaderamente el punto de vista de los demás y hemos visto el mundo a través de sus ojos?

Al poner en práctica la inteligencia emocional, transformamos los problemas en oportunidades de crecimiento personal y enriquecimiento de nuestras relaciones. Aprendemos a abrazar la diversidad emocional y a reconocer que, si bien cada uno de nosotros es un mundo de emociones, también somos capaces de encontrar puntos de encuentro y comprensión.

El mensaje esencial que se propone transmitir por «caminar hacia la armonía» radica en que la inteligencia emocional va más allá de su función como una herramienta para superar desafíos. En realidad, representa una filosofía de vida que nos orienta hacia una mejor comprensión, el perdón y una auténtica conexión con nosotros mismos y con los demás. Este enfoque nos estimula a desempeñar un papel activo en la construcción de una vida más equilibrada y significativa.

Cultivando la inteligencia emocional

Dentro del terreno de la inteligencia emocional, se manifiesta la habilidad para sembrar la semilla de la conciencia emocional y nutrir un paisaje interno donde florezca la comprensión, la empatía y el equilibrio. No se limita a reconocer nuestras emociones, sino que implica interactuar con ellas de manera consciente y constructiva.

Conciencia emocional es la semilla que plantamos primero. Es esa conexión íntima y sin juicios con nuestras emociones. Nos invita a estar presentes en cada momento, observando las olas de nuestras emociones a medida que vienen y van.

A través de la práctica, podemos aprender a reconocer nuestras emociones incluso antes de que nos abrumen, permitiéndonos responder en lugar de reaccionar.

Esta semilla crece en **autoconciencia,** la capacidad de reconocer cómo nuestras emociones afectan a nuestros pensamientos, comportamientos y relaciones.

Es el espejo que nos muestra quiénes somos en el momento presente. La autoconciencia nos ayuda a identificar nuestras fortalezas y debilidades emocionales, permitiéndonos trabajar en ellas y crecer.

La **empatía** es otra semilla fundamental en nuestro jardín emocional. Cultivar la empatía nos permite comprender las emociones de los demás y responder de manera compasiva.

Al ponernos en los zapatos de los demás, podemos abrir puentes de comprensión y conexión en lugar de muros de malentendidos.

Realizar cada uno de estos pasos implica no dejarnos llevar por la ira ciega, el miedo paralizante o la tristeza abrumadora, sino encontrar maneras saludables de expresar, canalizar y liberar esas emociones.

Al nutrir estas semillas, llegamos a la **autorregulación emocional.** Esta es la habilidad de manejar nuestras emociones de manera equilibrada y constructiva.

En la educación adolescente, este proceso de cultivo es esencial. Los padres y educadores jugamos un papel crucial al enseñar a los jóvenes a reconocer y comprender sus emociones. Algunas veces, los adolescentes se enfrentan a una tormenta de emociones que puede resultar agotadora.

Testimonio real

Verdaderamente, hasta ahora nunca he tenido un grupo de amigos al que pueda llamar propio. Siempre me he sentido como la rarita de la clase, la que no encaja en ningún lugar y que pasa desapercibida para los demás. En el pasado, he tenido que enfrentar situaciones muy complicadas con compañeros que me enseñaron lo que significaba tener los ojos hinchados de tanto llorar. Sin embargo, agradezco profundamente a los profesores que tuve en ese antiguo centro, quienes se convirtieron en mis únicos amigos y mi apoyo incondicional. También los libros se convirtieron en mi refugio, ayudándome a olvidar todo lo demás.

Todas esas experiencias adversas afectaron a mis calificaciones y mi comportamiento en clase, hasta que finalmente abrí los ojos y me di cuenta de que necesitaba un nuevo comienzo. Fue entonces cuando tomé la decisión de unirme al Colegio Leonés. Siempre he intentado proteger a mis padres de los problemas que enfrento, pero quiero que esta historia sirva para destacar que, aunque las heridas no sean físicas ni constantes,

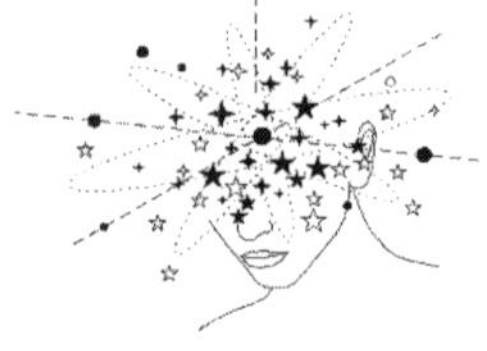

las palabras pueden infligir un daño mucho más profundo que cuatro manotazos.

Anónimo

Padres y madres también desempeñan un papel vital en este cultivo emocional. Al crear un ambiente seguro donde los jóvenes puedan expresar libremente sus emociones y al modelar una comunicación emocionalmente inteligente, les enseñan a lidiar con sus propios sentimientos de manera saludable y respetuosa.

En última instancia, cultivar la inteligencia emocional no solo es un regalo que nos hacemos a nosotros mismos, sino que también es un regalo para el mundo que habitamos. Es la base de relaciones saludables, de comprensión mutua y de una sociedad empática y armoniosa. Así que sigamos sembrando, cultivando y cosechando este jardín emocional, porque en cada semilla plantada hay un potencial de transformación y crecimiento.

¿Cómo podemos trabajar la empatía?

✓ **Practicar la escucha activa.** Cuando una persona comparta sus sentimientos, asegúrate de escuchar con atención.

Haz preguntas abiertas para comprender mejor sus emociones y experiencias.

✓ **Caminar en los zapatos del otro.** Anima a que imaginen cómo se sentirían en la misma situación.

Pregúntales: «*¿Cómo te sentirías si estuvieras en su lugar?*». Esto fomenta la empatía y el entendimiento.

La autogestión emocional implica manejar las emociones de manera saludable y constructiva.

Enseñar a los miembros de la familia a manejar sus emociones puede ayudar a evitar conflictos innecesarios y a mantener un ambiente armonioso.

¿Cómo podemos cultivar y fortalecer nuestra capacidad de gestionar y controlar nuestras emociones en la vida diaria?

Aquí se presentan algunas tácticas para promover el control y manejo de nuestras emociones:

✓ **Identificar estrategias de calma.** Ayuda a identificar estrategias que consigan calmarles cuando están emocionalmente agotados.

> Puede ser respirar profundamente, dar un paseo o escribir en un diario.

✓ **Modelar la resiliencia.** Muestra cómo enfrentar desafíos con resiliencia.

> Habla sobre cómo manejas tus propias dificultades y cómo te recuperas de ellas.

Goleman (1995) resaltó la importancia de la inteligencia emocional al argumentar que las habilidades emocionales, como la empatía y la autorregulación, son cruciales para el éxito en la vida, superando incluso a las habilidades cognitivas tradicionales medidas por el cociente intelectual. Su perspectiva destaca la relevancia de la inteligencia emocional para el bienestar personal, las relaciones saludables y el rendimiento profesional.

En este contexto, uno de los pilares fundamentales para mantener una familia armoniosa es la comunicación efectiva. No obstante, las emociones pueden ocasionalmente nublar la comunicación, conduciéndonos a malentendidos y conflictos, pero a través de este enfoque de inteligencia emocional podemos aprender a comunicarnos de manera más abierta y empática, creando así un espacio en el que todos se sientan escuchados y respetados.

Dibujo realizado por:
Miguel Ángel González Martínez, 16 años

Testimonio real

No sé si soy el único, pero a veces siento que hay un caos dentro de mí. En mi cabeza vivo una locura, un día estoy feliz y al siguiente siento que el mundo se derrumba y no tengo idea de por qué.

Mi mente parece un lío, como si estuviera atrapado en un laberinto sin fin. Mis amigos no tienen ni idea de lo que me pasa y a veces ni yo mismo lo entiendo. Me siento solo la mayoría del tiempo.

Nadie parece entender lo que siento, pero estoy seguro de que no soy el único. Cuando hablo con mis amigos, veo que todos estamos igual de confundidos, aunque no lo admitamos.

Quizás, compartiendo esto, alguien más se dé cuenta de que no está solo en esto. A veces, todo lo que necesitas es saber que hay alguien más que entiende lo que estás sintiendo.

Anónimo

Fomentando la inteligencia emocional en los niños

Los cimientos de la inteligencia emocional se establecen desde temprana edad. Los niños son esponjas emocionales, absorbiendo y respondiendo a los sentimientos que los rodean. Como padres y educadores, tenemos la maravillosa oportunidad de guiar a nuestros adolescentes hacia la comprensión y el manejo saludable de sus emociones. Vamos a explorar estrategias específicas para fomentar la autoconciencia emocional en los niños, sentando así las bases para su inteligencia emocional.

¿Cómo pueden los niños aprender también a cultivar la inteligencia emocional desde una edad temprana?

Etiquetar emociones asociando palabras a sentimientos.

Enseñar a los niños a etiquetar sus emociones es un paso crucial para que puedan entender lo que están sintiendo y comunicarlo de manera efectiva.

> Al asociar palabras con sentimientos, les das las herramientas para expresar lo que están experimentando.

- **Nombre las emociones.** Cuando observes que el niño está experimentando una emoción, ayúdale a ponerle un nombre.

> Por ejemplo, si un niño parece frustrado porque no puede resolver un rompecabezas, podrías decir: «Parece que estás frustrado porque el rompecabezas es difícil».

- **Historias de emociones.** Lee libros o cuentos que presenten personajes que experimentan diferentes emociones. Luego, discute cómo se sienten los personajes y si el niño ha sentido algo similar.
- **Tablero de emociones.** Crea un tablero con imágenes que representen diferentes emociones. Pide al niño que elija la imagen que mejor describe cómo se siente en ese momento.

- **Narración de emociones.** Lee libros o cuentos que traten sobre emociones y discute cómo se sienten los personajes en diferentes situaciones.

> **Momentos de conversación.** Crea momentos regulares para hablar sobre cómo se sienten. Puede ser durante la cena o antes de acostarse. Pregunta: «*¿Cómo te sentiste hoy? ¿Por qué?*».

Cuando ya tengan una edad que les permite una mayor comprensión, es importante intentar hacer una narración de emociones que implique hablar abiertamente sobre los sentimientos y las situaciones que los provocan. Esto no solo ayuda a los niños a comprender sus emociones, sino que también les brinda la seguridad de que es normal sentirse de ciertas maneras.

Los niños aprenden observando a los adultos a su alrededor. Modelar la expresión emocional saludable es una manera efectiva de enseñarles cómo manejar sus propios sentimientos.

¿Cómo podemos demostrar y guiar a otros, especialmente a los niños, en la expresión efectiva y saludable de sus emociones en diferentes situaciones de la vida cotidiana?

- **Etiquetar tus emociones.** Cuando experimentes emociones, comparte tus sentimientos. Por ejemplo, podrías decir:

> «Hoy me siento feliz porque pasé tiempo con amigos».

- **Demostrar el manejo emocional.** Cuando enfrentes una situación estresante, muestra cómo manejas tus emociones de manera saludable.

- **Aceptar tus emociones.** Enséñales que todas las emociones son válidas y normales. Si te sientes triste, puedes decir:

Fomentar la autoconciencia emocional en los niños es un regalo invaluable que los acompañará a lo largo de sus vidas. Al enseñarles a etiquetar emociones, narrar sus sentimientos y modelar la expresión emocional saludable, estás sentando las bases para que desarrollen una inteligencia emocional sólida y puedan enfrentar el mundo con empatía y autoconciencia.

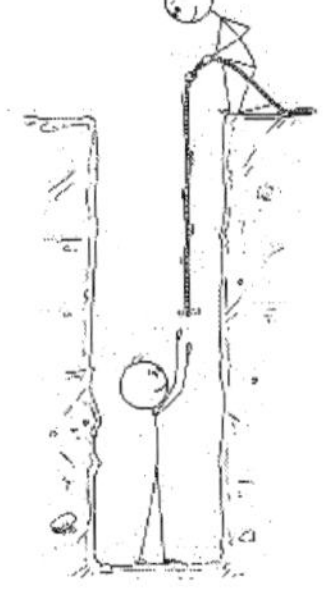

Afrontando problemas con inteligencia emocional

Afrontar problemas con inteligencia emocional es como desencadenar un complejo *ballet* dentro de nuestro cerebro. La neurociencia nos muestra que las emociones tienen un asiento de honor en nuestro sistema límbico, particularmente en una pequeña estructura llamada amígdala. Es como el radar de nuestras emociones, avisándonos ante situaciones que percibe como amenazantes o desafiantes.

En este baile cerebral, la inteligencia emocional toma la batuta. La corteza prefrontal, la parte del cerebro responsable de la toma de decisiones y el juicio, se convierte en la coreógrafa. Ella decide si vamos a caer presa del miedo, la ira o la ansiedad, o si vamos a ir con gracia por el flujo emocional y transformarlo en una actuación magistral.

Cuando un adolescente se encuentra ante un problema, la orquesta neuronal comienza a tocar.

La dopamina, conocida como el neurotransmisor del placer, hace su entrada, trayendo consigo una sensación de recompensa cuando enfrentamos nuestros desafíos con valentía. Por otro lado, el cortisol, la hormona del estrés, también está presente en el escenario, pero aquí es donde la inteligencia emocional puede cambiar la melodía. Si sabemos gestionar nuestras emociones, la dopamina puede eclipsar al cortisol, dejándonos con una sensación de logro y satisfacción.

Pero hay más en este espectáculo cerebral. A medida que enfrentamos problemas y aplicamos la inteligencia emocional, estamos esculpiendo nuestro cerebro. La plasticidad cerebral, esa increíble capacidad del cerebro para adaptarse y cambiar, se activa.

Escenario 1. Decisiones diferentes

Imagina que un adolescente quiere tomar una decisión que difiere significativamente de lo que tú consideras apropiado. En lugar de reaccionar impulsivamente, puedes aplicar la inteligencia emocional.

✓ **Autoconciencia.** Reconoce tus propias emociones ante la situación. ¿Sientes preocupación, miedo o frustración?

Entender tus sentimientos te ayudará a abordar la situación de manera más calmada.

✓ **Empatía.** Métete en sus zapatos. Pregúntale por qué esta decisión es importante para él y cómo se siente al respecto. Esto puede generar una comunicación más abierta y comprensiva.

✓ **Comunicación asertiva.** Expresa tus preocupaciones de manera respetuosa y sincera. Utiliza «yo» en lugar de «tú» para evitar que la conversación se vuelva acusatoria. Por ejemplo, «me preocupa que...» en lugar de «tú siempre...».

Escenario 2. Discusiones intensas

Las discusiones pueden desencadenarse por las emociones fuertes que los adolescentes experimentan.

Imagina que estás discutiendo con tu hijo adolescente. En lugar de entrar en un ciclo de confrontación, puedes emplear la inteligencia emocional.

- ✓ **Reconocimiento de emociones.** Tanto tú como tu hijo podéis beneficiaros de reconocer las emociones en juego. Pregunta «¿cómo te sientes en este momento?» o «¿cómo crees que me siento yo?». Esto puede crear un espacio para la empatía y la comprensión.

- ✓ **Validación de emociones.** Valida las emociones de tu hijo, incluso si no estás de acuerdo con sus puntos de vista. Decir «entiendo que te sientes frustrado» muestra que estás dispuesto a escuchar sin juzgar.

- ✓ **Exploración de soluciones.** Juntos podéis explorar soluciones que aborden las necesidades y preocupaciones de ambas partes. Pregunta «¿cómo podemos resolver esto de manera que funcione para ambos?».

Dibujo realizado por:
Lucía Pérez Gil, 15 años

Escenario 3. Desafíos de comunicación

Imagina que has notado que tu hijo adolescente ha estado pasando mucho tiempo en su habitación y parece distante. Quieres hablar con él para entender qué está sucediendo, pero cada vez que intentas acercarte él parece cerrarse y evitar la conversación.

✓ **Escucha activa.** Cuando tu hijo esté hablando, escucha con atención en lugar de planear tu respuesta. Esto demuestra que te importa lo que está diciendo y fomenta una comunicación más profunda.

✓ **Pausa emocional.** Si la conversación se está volviendo intensa, haz una pausa para respirar profundamente antes de continuar. Esto te ayuda a evitar reacciones impulsivas y a responder con calma.

✓ **Validación y comprensión.** Después de que tu hijo haya expresado sus pensamientos, repite lo que entendiste para asegurarte de que estás en la misma página. Esto evita malentendidos y demuestra que estás comprometido con la comunicación efectiva.

La comunicación efectiva puede ser un desafío, especialmente cuando las emociones están involucradas. Aquí es donde la inteligencia emocional puede marcar la diferencia.

Al aplicarla en el hogar, creamos un ambiente en el que todos los miembros de la familia se sienten valorados, comprendidos y capaces de abordar los problemas con respeto y cooperación.

Con la inteligencia emocional como guía, la problemática en una casa con adolescentes se convierte en una oportunidad para el crecimiento personal y la construcción de relaciones más sólidas.

Testimonio real

En la etapa más oscura de mi adolescencia, me encontré atrapado en un sentimiento de total soledad. La necesidad de no añadir preocupaciones a mis padres me llevó a ocultar mis problemas a pesar de las risas superficiales y las aparentes buenas relaciones con mis amigos. La brecha entre mi máscara y mi verdadero yo se volvía cada vez más profunda, mientras el miedo a ser una carga mantenía mi sufrimiento en el silencio. La dolorosa sensación de que mi aislamiento estaba perjudicando no solo mi salud, sino también a las relaciones más cercanas me dio valor para romper las cadenas que me ataban. Al abrirme, descubrí que el hablar con ellos no solo aliviaba mi carga interna, sino que también me unió a mis padres.

Anónimo

Capítulo 7

GUIANDO A UN ADOLESCENTE CON TDA/TDAH: COMPRENSIÓN, APOYO Y EMPODERAMIENTO

Adentrarse en la orientación y apoyo de un adolescente con TDA (trastorno por déficit de atención) o TDAH (trastorno por déficit de atención e hiperactividad) representa una travesía emocional y educativa tanto para el adolescente como para quienes lo rodean. Este camino está pavimentado con la necesidad de comprensión, paciencia, apoyo y un sentido profundo de empoderamiento mutuo.

La comprensión se erige como pilar fundamental en este viaje. Implica adentrarse en el conocimiento de estas condiciones, sus manifestaciones y cómo repercuten en la vida cotidiana del adolescente. No se trata solo de dificultades para concentrarse, sino de una interacción compleja de factores neurológicos y ambientales que dan forma a su experiencia. Al comprender esto, evitamos juicios apresurados y cultivamos la empatía esencial para establecer una conexión auténtica y significativa.

Como docente, he presenciado el sufrimiento de algunos de mis alumnos, quienes se debaten entre emociones confusas y una profunda sensación de no encajar o no ver resultados a su esfuerzo. En ocasiones, alguno se me ha acercado con la mirada llena de desesperación y ha confesado sentirse «tonto». Este doloroso encuentro me ha llevado a reflexionar sobre el poder de la empatía y la comprensión en la vida de un adolescente. ¿Cómo podemos ayudarlos a superar sus sentimientos negativos y guiarlos hacia una mayor autoaceptación y crecimiento personal?

Los adolescentes con TDA o TDAH necesitan sentir que tienen un sistema de apoyo sólido en sus vidas. Esto implica proporcionarles estructura, establecer metas realistas, ayudarlos a desarrollar estrategias para manejar su atención y crear un entorno propicio para su crecimiento y desarrollo. En este capítulo, exploraremos con detalle cómo estos elementos se entrelazan en el trayecto de guiar y apoyar a un adolescente con TDA o TDAH.

Apoyarlos emocionalmente, celebrar sus logros y estar allí en sus desafíos les da la confianza necesaria para enfrentar el mundo.

El empoderamiento no solo camina junto al apoyo, sino que lo potencia. Significa capacitar a los adolescentes, ayudarlos a entender profundamente sus fortalezas y debilidades y cultivar en ellos la certeza de que son capaces de alcanzar sus metas y que los desafíos que enfrentan no definen su identidad. Al fomentar la autogestión, la autoconciencia y la toma de decisiones fundamentadas, les otorgamos un rol activo en la dirección de sus propias vidas. Este proceso les brinda, en consecuencia, una sensación de control sobre su camino y un aumento significativo en la confianza en sí mismos, elementos fundamentales para su desarrollo integral y bienestar.

Esta travesía, sin embargo, no es fácil. Requiere perseverancia y adaptabilidad. Los desafíos pueden parecer abrumadores en ocasiones, pero es importante recordar que cada paso adelante, cada pequeño logro, es un triunfo. Guiar a un adolescente con TDA o TDAH es también un viaje de aprendizaje constante, una oportunidad para crecer juntos, fortalecer la relación y, en última instancia, permitir que el adolescente alcance su máximo potencial.

Testimonio real

Aunque estudio más horas que mis compañeros, aprender para mí es una pesadilla. Me paso días enteros estudiando y esforzándome al máximo, pero cuando llega el momento de la prueba mi cerebro decide hacerse el tonto. Es un bajón total ver cómo, a pesar de mis intentos, las notas no reflejan el trabajo que le echo. Cada suspenso es un golpe fuerte a mi autoestima.

Es una lucha constante.

Anónimo

Comprendiendo las diferencias neurocientíficas

El viaje de guiar a un adolescente con TDA o TDAH nos lleva a un fascinante viaje por el cerebro. Las diferencias neurocientíficas en la estructura cerebral entre adolescentes con estas condiciones y aquellos que no las tienen son esenciales para comprender sus experiencias únicas y abordar sus necesidades de manera efectiva.

En el caso del TDA, investigaciones neurocientíficas, como el estudio de Shaw *et al.* (2007), han revelado que implica diferencias en la corteza prefrontal y las áreas subcorticales del cerebro. Estas diferencias pueden incluir un menor volumen cerebral en ciertas regiones, desregulación de neurotransmisores clave y funcionamiento anómalo en la corteza cingulada anterior, una región esencial para la atención sostenida y la toma de decisiones.

Para comprender esto, podemos imaginar el cerebro como un jardín, y las diferentes áreas del jardín representando las regiones cerebrales, como la corteza prefrontal y las áreas subcorticales.

En un cerebro típico, la luz solar y el agua se distribuyen de manera equitativa y proporcionada a cada área del jardín. Esto simboliza un funcionamiento cerebral armonioso, donde las funciones cognitivas, como la atención y la toma de decisiones, están bien reguladas y equilibradas.

Ahora, en el cerebro de alguien con TDA, ciertas áreas del jardín —o regiones cerebrales— pueden recibir demasiada «luz solar» —representando una hiperactividad neuronal o una sobreactivación en ciertas regiones— y otras áreas pueden recibir muy poca luz solar —indicando una subactivación o falta de actividad en otras regiones—. Esta desregulación afecta el equilibrio funcional del cerebro, lo que resulta en desafíos para mantener la atención y tomar decisiones de manera efectiva. Así, este ejemplo del jardín refleja cómo las diferencias en la estructura y función cerebral, como las observadas en la neurociencia del TDA, pueden influir en la regulación y coordinación adecuada de las funciones cerebrales cotidianas.

Por otro lado, el trastorno por déficit de atención e hiperactividad (TDAH), al combinar problemas de atención con hiperactividad e impulsividad, manifiesta una diversidad de disparidades neurocientíficas. Desde la disfunción en los sistemas de neurotransmisores hasta un menor volumen cerebral en regiones específicas y desafíos en el sistema de recompensa y motivación, estas diferencias fueron identificadas en un estudio clave que detalla retrasos en la maduración cortical en individuos con TDAH, estableciendo una sólida base para comprender las complejidades neurocientíficas vinculadas a este trastorno (Shaw *et al.*, 2012).

Los hallazgos de esta investigación resaltan que el TDAH va más allá de los evidentes desafíos de atención, hiperactividad e impulsividad al identificar alteraciones en el desarrollo cortical. Se enfatiza la presencia de desequilibrios en los sistemas de neurotransmisores y un menor volumen cerebral en áreas clave, lo cual contribuye a una comprensión más profunda de los factores neurobiológicos asociados al TDAH.

Pongamos el mismo ejemplo del jardín en el cerebro de alguien con TDAH. En este caso, además de la distribución desigual de luz solar (activación neuronal) en el jardín (cerebro), tendríamos algunos «jardineros» (sistema de atención y control) que se mueven rápidamente de un lado a otro, distraídos por varios estímulos. Algunos de estos jardineros pueden regar en exceso algunas áreas del jardín —representando la hiperactividad e impulsividad— y dejar otras áreas sin atención, lo que dificulta que algunas partes del jardín crezcan de manera adecuada —simbolizando la dificultad para mantener la atención en tareas específicas—.

Esta analogía del jardín ilustra cómo, en el caso del TDAH, la regulación y dirección de los recursos mentales —simbolizados por la atención y la función ejecutiva— pueden estar desequilibradas debido a la constante actividad y distracción, lo que afecta la concentración y la toma de decisiones.

Así como un jardinero con demasiada energía puede tener dificultades para cuidar adecuadamente todo el jardín, las personas con TDAH pueden encontrar desafíos para canalizar su energía y atención de manera efectiva en diferentes áreas de su vida.

Comprender estas diferencias neurocientíficas es esencial para orientar a los adolescentes con TDA y TDAH. Nos brinda una base para desarrollar estrategias de intervención y apoyo que se centren en potenciar las fortalezas y mitigar las debilidades asociadas con estas condiciones. Al entender que estas diferencias están arraigadas en la biología del cerebro, podemos abogar por un enfoque empático y basado en la evidencia en nuestra labor de guía y apoyo a estos adolescentes. Este conocimiento nos ayuda a adoptar un enfoque más informado y efectivo para ayudarlos a alcanzar su máximo potencial.

Comprendiendo TDA/TDAH en la adolescencia

Explorar el cerebro en el contexto de trastornos como el trastorno por déficit de atención (TDA) o el trastorno por déficit de atención e hiperactividad (TDAH) nos lleva al terreno de las complejas interacciones neuronales y los neurotransmisores. En términos sencillos, las piezas clave del sistema nervioso central.

Las neuronas, células nerviosas, se comunican mediante conexiones especializadas, ya sea a través de impulsos eléctricos o reacciones químicas. Estas conexiones son como los cables invisibles que permiten la transmisión de información y señales entre diferentes áreas cerebrales, siendo vitales para procesos como pensar, moverse y tomar decisiones.

Las conexiones eléctricas son como autopistas de alta velocidad que permiten una comunicación rápida entre neuronas.

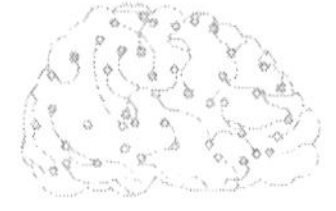

Las conexiones químicas implican la liberación y recepción de sustancias químicas llamadas neurotransmisores, que transmiten señales de una neurona a otra a través de una especie de espacio llamado sinapsis.

Cuando se trata de trastornos como el TDA y el TDAH, estas interacciones complejas se desequilibran. Las conexiones neuronales pueden funcionar de manera irregular y los neurotransmisores pueden estar fuera de sintonía. Esto impacta directamente en la transmisión de información, afectando cosas como la concentración, la coordinación motora y la capacidad de tomar decisiones.

En el contexto del trastorno por déficit de atención e hiperactividad (TDAH), explorar las complejidades neurobiológicas revela la importancia crucial de las conexiones y redes neuronales. El estudio de Castellanos y Rapoport (2002) destaca que estas conexiones son fundamentales para coordinar la información y asegurar el funcionamiento eficiente del cerebro. Estas se asemejan a cables de comunicación en una red global, garantizando la transmisión efectiva de información y facilitando el desempeño sin contratiempos de nuestras funciones cognitivas y físicas. En términos simples, estas conexiones neuronales son esenciales para mantener un funcionamiento adecuado y coordinado de nuestro cerebro.

Se ha encontrado que en personas con TDA y TDAH las redes cerebrales involucradas en la atención, la autorregulación y la toma de decisiones muestran patrones de conectividad alterados

(Fair *et al.*, 2012). Este estudio examina específicamente los patrones de conectividad alterados en las redes cerebrales, centrándose en la atención y la autorregulación. Estos hallazgos respaldan la idea de que estas condiciones pueden estar asociadas con una mayor dificultad para mantener la atención en tareas específicas y controlar los impulsos, dos características centrales afectadas en individuos con TDA y TDAH.

En el contexto del TDA y TDAH, tres neurotransmisores clave entran en juego: dopamina, noradrenalina y serotonina.

Dopamina. Este neurotransmisor está implicado en la regulación de la recompensa, la motivación y la atención (Berridge & Robinson, 1998).

En personas con TDA y TDAH, los niveles de dopamina y su recepción pueden estar desequilibrados, lo que afecta la capacidad de mantener la atención y puede contribuir a la hiperactividad.

Noradrenalina. La noradrenalina está relacionada con la respuesta al estrés y la regulación de la atención. Desempeña un papel crucial en el estado de alerta (Aston-Jones & Cohen, 2005).

En individuos con TDA y TDAH, la noradrenalina puede estar implicada en la falta de concentración y el déficit de atención.

Serotonina. Este neurotransmisor influye en
el estado de ánimo, la ansiedad y la inhibición de
impulsos (Müller & Homberg, 2014).

Desequilibrios en la serotonina pueden contribuir a la inestabilidad emocional y la impulsividad observadas en personas con TDA y TDAH.

El TDA y TDAH no se limitan a disfunciones
en la conectividad neuronal o desequilibrios químicos; es una combinación compleja de ambas.
Las diferencias en la organización de redes cerebrales y los niveles de neurotransmisores afectan
la forma en que el cerebro procesa y responde a la
información, impactando la atención, la impulsividad y la hiperactividad.

Dibujo realizado por:
Samuel Grande Aguilar, 16 años

Abordando emociones, autoestima y reducción del estigma

El bienestar de los adolescentes con trastorno por déficit de atención (TDA) o trastorno por déficit de atención e hiperactividad (TDAH) va más allá de simplemente manejar los síntomas cognitivos y conductuales. Se extiende a abordar sus emociones, cultivar una autoestima saludable, combatir el estigma asociado y adoptar un enfoque holístico para promover su bienestar de manera completa.

En el ámbito emocional, es crucial equipar a estos adolescentes con habilidades para reconocer, comprender y expresar sus emociones de manera constructiva. La educación emocional puede ser una herramienta valiosa para este fin, ayudándolos a lidiar con la ansiedad y a mejorar su bienestar emocional. Simultáneamente, se debe fomentar una autoestima positiva, resaltando sus fortalezas, celebrando sus logros y apoyando su autoaceptación a pesar de los desafíos.

Reducir el estigma es otro componente vital. Educando a la comunidad acerca del TDA y TDAH, se pueden desafiar estereotipos y prejuicios. La promoción de la empatía y la comprensión contribuye a crear un entorno de apoyo y compasión, permitiendo que estos adolescentes manejen mejor su condición y eviten la estigmatización.

Este enfoque integral también abarca el bienestar físico.

Una dieta balanceada, ejercicio regular, sueño adecuado y técnicas de relajación deben incorporarse en su rutina diaria para mejorar su bienestar físico y emocional.

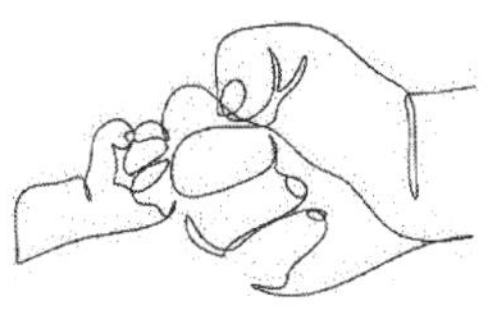

Al mismo tiempo, se debe promover la participación en actividades extracurriculares y fomentar relaciones interpersonales positivas para enriquecer su bienestar social y espiritual. Este enfoque holístico brinda herramientas para manejar el estrés, mejorar la autoestima y desarrollar habilidades sociales, contribuyendo a un bienestar integral y duradero.

> **Testimonio real**
>
> Cuando tengo un examen, siento que mi cabeza se convierte en un lío total. Es como si mi cerebro fuera una radio con mil emisoras y no puedo sintonizar la correcta. No puedo concentrarme y es como si mi mente estuviera en todas partes a la vez.
>
> Me pongo supernervioso porque sé que tengo la info en mi cabeza, pero no puedo sacarla cuando la necesito. Mis amigos hacen que parezca fácil, como si pudieran llegar a toda la información en un abrir y cerrar de ojos, mientras que yo me quedo atrapado en un montón de pensamientos desordenados. A veces, los minutos parecen horas y no avanzo nada en el examen. Es como una batalla constante entre querer hacerlo bien y

sentir que mi cabeza me está jugando una mala pasada. Pero estoy tratando de encontrar formas de lidiar con mi TDA y superar estos problemas.

Anónimo

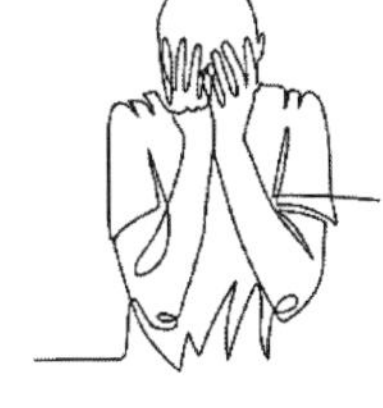

Apoyo multifacético

El apoyo multifacético es esencial cuando se trata de guiar a un adolescente con TDA/TDAH. Dado que esta condición afecta a diversas áreas de funcionamiento, abordarla de manera integral puede marcar una gran diferencia en la vida del adolescente. Aquí hay ejemplos de enfoques multifacéticos basados en estudios y prácticas efectivas:

Terapia de comportamiento y cognitiva

Las terapias conductuales y cognitivas han demostrado ser efectivas en el tratamiento del TDA/TDAH.

Por ejemplo, la terapia de entrenamiento en habilidades para el TDAH (CBT) puede ayudar a los adolescentes a desarrollar estrategias para mejorar la organización, la gestión del tiempo y la autorregulación.

Entrenamiento en habilidades sociales

Muchos adolescentes con TDA/TDAH enfrentan dificultades en las interacciones sociales.

Los programas de entrenamiento en habilidades sociales pueden proporcionar pautas específicas para mejorar la comunicación, la empatía y la resolución de conflictos.

Modificaciones en el entorno educativo

Estudios han demostrado que adaptaciones en el entorno escolar pueden ser altamente beneficiosas.

Esto puede incluir asientos en la parte delantera del aula, tiempo adicional en exámenes y estructuras claras de tareas y expectativas.

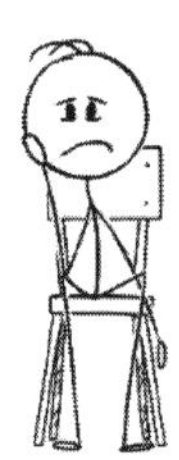

Uso de tecnología y aplicaciones

Diversas aplicaciones y herramientas tecnológicas pueden ayudar a los adolescentes con TDA/TDAH en la organización y gestión del tiempo.

Aplicaciones de recordatorios, planificación y seguimiento de tareas pueden ser especialmente útiles.

Ejercicio físico y actividad

Estudios han sugerido que el ejercicio regular puede tener un impacto positivo en la función ejecutiva y la atención en personas con TDA/TDAH.

Fomentar la participación en actividades físicas puede ser un componente valioso del apoyo multifacético.

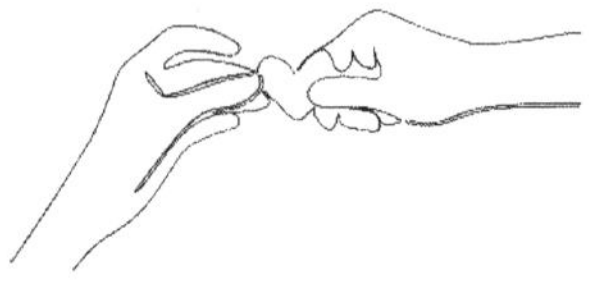

Apoyo psicoeducativo para la familia

La educación de la familia acerca del TDA/TDAH puede ayudar a crear un ambiente de comprensión y apoyo en el hogar.

> Los adolescentes pueden beneficiarse de un entorno en el que las expectativas sean realistas y se fomente la comunicación abierta.

Terapia individualizada

La terapia individual puede ayudar al adolescente a abordar desafíos emocionales y de autoestima que a menudo acompañan al TDA/TDAH.

> Establecer metas personales y trabajar en la gestión de la frustración y el estrés puede ser parte de este enfoque.

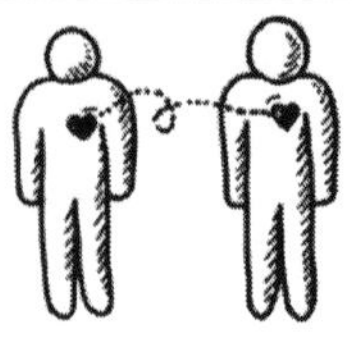

Grupos de apoyo

Participar en grupos de apoyo con otros adolescentes que también enfrentan el TDA/TDAH.

Esto puede proporcionar un espacio seguro para compartir experiencias, estrategias y consejos.

Tal como hemos observado, el cerebro en el contexto del TDA y TDAH es un baile complejo entre cómo las neuronas se conectan y la acción de los neurotransmisores. Explorar y comprender estas interacciones complejas resulta fundamental para crear enfoques de intervención efectivos que se centren en las bases neurobiológicas de estas condiciones y que impulsen una mejora en la calidad de vida de quienes conviven con ellas.

Es importante reconocer que los adolescentes con TDAH no están simplemente «desatentos» o «inquietos»; su experiencia se origina en diferencias biológicas en el cerebro que afectan su funcionamiento cotidiano. La educación y la concienciación sobre el TDAH pueden ayudar a reducir el estigma y promover una mayor comprensión tanto en el entorno escolar como en el social.

En el proceso de apoyar a un adolescente que enfrenta este tipo de trastornos, la empatía y la paciencia se vuelven fundamentales. Estos jóvenes a menudo experimentan desafíos en la organización, la gestión del tiempo y la concentración. Es esencial comprender que no se trata de falta de interés o falta de esfuerzo, sino de una cuestión neurológica que dificulta la regulación de la atención. Por lo tanto, adoptar un enfoque comprensivo y adaptado a las necesidades individuales de cada adolescente puede ser una herramienta valiosa para ayudarlos a desarrollar habilidades que les permitan sobrellevar estos desafíos de manera más efectiva.

La creación de un ambiente estructurado y de apoyo en casa y en la escuela es esencial para ayudar a los adolescentes con TDAH. Esto incluye rutinas claras, recordatorios visuales y metas realistas. Además, la retroalimentación positiva y el reconocimiento de logros, por pequeños que sean, son fundamentales para impulsar su autoestima y confianza en sí mismos. En definitiva, apoyar a un adolescente con TDAH requiere un enfoque compasivo y adaptado que les permita desarrollar sus habilidades y alcanzar su máximo potencial.

Dibujo realizado por:
Miguel Ángel González Martínez, 16 años

Testimonio real

En clase, me siento como si tuviera muchos pensamientos compitiendo por mi atención. A veces, es como si las ideas estuvieran volando por todas partes. Prestar atención al profesor es una lucha constante y cualquier sonido o movimiento en el aula puede desviarme fácilmente.

Lo más frustrante es que quiero concentrarme y aprender, pero mi mente parece tener sus propios planes. Mis compañeros parecen seguir al pie de la letra las clases, mientras yo me siento un poco fuera de lugar. La ansiedad aumenta cuando sé que debo seguir el ritmo, tomar apuntes y mantenerme al día con las tareas. A veces me preocupa que los demás piensen que no me importa, cuando, en realidad, estoy poniendo mucho esfuerzo. Pero sé que tengo habilidades y estoy trabajando en estrategias para enfrentar mi TDAH.

Anónimo

Situación 1. Dificultad para concentrarse en el estudio

Un adolescente con TDAH encuentra difícil concentrarse en sus estudios en casa debido a las distracciones del entorno y a su tendencia a saltar de una tarea a otra.

- Crear un espacio de estudio tranquilo y libre de distracciones.
- Usar la técnica Pomodoro. Establecer intervalos de veinticinco minutos de estudio seguidos de un breve descanso.
- Ayudar al adolescente a establecer metas claras para cada sesión de estudio y a escribirlas.
- Usar un temporizador visible para mantener un enfoque durante los intervalos de estudio.
- Hacer pausas activas entre los intervalos, como estiramientos o ejercicio ligero, para liberar energía acumulada.

- Celebrar los logros y el progreso, proporcionando elogios y recompensas pequeñas al completar tareas

Situación 2. Olvidar tareas o compromisos

El adolescente olvida con frecuencia tareas escolares, entregas de proyectos o eventos importantes.

✓ Utilizar recordatorios visuales, como listas de tareas escritas o aplicaciones de recordatorios en el teléfono.

✓ Ayudar al adolescente a desarrollar el hábito de revisar su agenda o lista de tareas todos los días.

✓ Establecer rutinas regulares, como revisar las tareas antes de acostarse.

✓ Crear un calendario familiar compartido para que todos estén al tanto de los eventos importantes.

✓ Utilizar colores o iconos para destacar tareas urgentes o fechas límite.

Situación 3. Desorganización en el trabajo escolar

El adolescente lucha por mantener sus materiales y tareas organizados, lo que afecta su rendimiento académico.

- Proporcionar herramientas organizativas, como carpetas o separadores para diferentes asignaturas.
- Ayudar al adolescente a establecer una rutina de revisión y organización al final de cada día escolar.
- Enseñar técnicas de organización, como el uso de colores para codificar materiales o la creación de listas de verificación.
- Fomentar la toma de notas estructuradas y el uso de resúmenes para mejorar la retención de la información.
- Trabajar juntos para establecer un sistema de seguimiento de tareas y fechas límite, utilizando un calendario o una aplicación.

Situación 4. Dificultad para controlar los impulsos

El adolescente lucha por controlar sus impulsos, interrumpiendo a otros durante conversaciones o tomando decisiones impulsivas.

- Enseñar técnicas de control de impulsos, como contar hasta diez antes de responder impulsivamente.
- Practicar la autorreflexión. Después de una situación en la que se actúa impulsivamente, discutir alternativas más adecuadas.
- Establecer señales o recordatorios visuales para tomar un momento antes de actuar impulsivamente.
- Modelar y practicar habilidades de escucha activa y espera para hablar durante las conversaciones.
- Reconocer los éxitos en el control de impulsos y celebrarlos como logros.

Cada situación es única y requerirá un enfoque adaptado a las necesidades individuales del adolescente. La clave es proporcionar un apoyo estructurado, estrategias prácticas y una comunicación abierta para que el adolescente pueda desarrollar habilidades de autorregulación y superar los desafíos relacionados con el TDA/ TDAH.

Capítulo 8

RENOVANDO LA FUERZA INTERIOR. CÓMO APOYAR A UN ADOLESCENTE EN TIEMPOS DE AGOTAMIENTO Y SUPERAR EL «NO PUEDO»

Como profesora de Química, Física y Matemáticas, cada año observo cómo mis alumnos se preparan para la prueba de selectividad. Es un período intenso, marcado por la ansiedad y la presión por alcanzar una nota que, en su mente, determinará su futuro. Ver cómo algunos se sienten derrotados por esta carga emocional es desgarrador. Incluso llegan a plantearse abandonar, abrumados por el simple pensamiento de que no son capaces. Año tras año nos enfrentamos a esta realidad, viendo cómo la presión académica y las expectativas externas pesan sobre los hombros de estos jóvenes que apenas están comenzando a descubrir quiénes son y qué quieren ser.

¿Cómo podemos estar realmente presentes para nuestros adolescentes cuando se sienten emocionalmente agotados? ¿Qué podemos hacer para ayudarlos a superar esa sensación abrumadora de impotencia? Estas preguntas nos desafían como educadores a encontrar nuevas formas de brindar el apoyo necesario a nuestros estudiantes en medio de sus luchas emocionales.

La adolescencia, esa etapa fascinante y tumultuosa en la vida de los adolescentes, representa un viaje de autodescubrimiento y crecimiento, en el que también se presentan desafíos emocionales considerables. Es en este capítulo donde nos sumergiremos en uno de los aspectos más fundamentales de este viaje: cómo brindar un apoyo esencial a nuestros adolescentes durante los momentos de agotamiento emocional y cómo juntos podemos superar la avasalladora sensación de «no puedo». Nuestra exploración se guiará por el prisma de la inteligencia emocional y, a través de este filtro, aprenderemos estrategias para revitalizar la fuerza interna de nuestros adolescentes y guiarlos hacia la resiliencia en tiempos de dificultad.

En este período de la vida, la adolescencia, que se caracteriza por cambios profundos y desafíos intensos, se nos revela como una etapa crucial en el desarrollo cerebral. La neurociencia nos brinda una visión fascinante de este tiempo, un lienzo en blanco en el que se están pintando nuevas conexiones neuronales y donde la plasticidad cerebral se encuentra en su apogeo. Dentro de las páginas de este capítulo, exploraremos cómo esta ventana de oportunidad neurobiológica puede impactar en el agotamiento emocional y la autoduda que los adolescentes enfrentan en su cotidianidad. Analizaremos cómo, desde la inteligencia emocional, podemos posicionarnos como guías que ayudan a los jóvenes a renovar su fortaleza interior y a afrontar el «no puedo» con valentía y determinación.

Esta exploración también buscará desentrañar cómo podemos aprovechar la plasticidad cerebral única de esta etapa para cultivar habilidades emocionales cruciales. Estas habilidades serán fundamentales para que los adolescentes puedan enfrentar los desafíos emocionales y situaciones adversas de manera más efectiva, fortaleciendo así su bienestar emocional y su confianza en sí mismos. Nos adentraremos en un viaje emocionante y enriquecedor para comprender las complejidades de la mente adolescente y cómo, como padres y educadores, podemos ser faros que iluminen su camino hacia una salud emocional sólida y un crecimiento personal significativo.

El agotamiento emocional: una marea que impacta al cerebro adolescente

Desde la perspectiva de la neurociencia, el agotamiento emocional en la adolescencia puede tener un impacto profundo en el cerebro en desarrollo. La amígdala, una estructura en forma de almendra que desempeña un papel esencial en la regulación de las emociones, es particularmente activa durante esta etapa de la vida. Sin embargo, cuando los adolescentes enfrentan niveles constantes de estrés y ansiedad, la amígdala puede volverse hiperactiva, lo que puede agotar los recursos emocionales del cerebro. Esta respuesta persistente al estrés puede incluso afectar la arquitectura cerebral y la conexión entre diferentes regiones cerebrales.

El agotamiento emocional es una experiencia que va más allá de la simple fatiga; es un choque de olas que sacude la estabilidad mental y afecta de manera significativa a la salud y el desarrollo de los adolescentes.

Los adolescentes atraviesan una etapa de intensa transformación física, emocional y psicológica. En este contexto, la interacción con los padres y educadores es vital para su bienestar y desarrollo saludable. Sin embargo, cuando los padres no logran comprender las complejidades emocionales que los adolescentes están experimentando, surge una brecha de comunicación que puede dejar al joven a la deriva en un mar de emociones sin un puerto seguro al que acudir.

El agotamiento emocional, que puede surgir de diversos factores, como la presión académica, las relaciones interpersonales, las expectativas sociales y familiares, entre otros, ejerce una carga pesada sobre el cerebro en crecimiento de los adolescentes.

El agotamiento emocional puede manifestarse en síntomas físicos, mentales y emocionales, que afectan su rendimiento académico, relaciones y autoestima.

Un adolescente que experimenta agotamiento emocional constante puede encontrar dificultades para concentrarse, regular sus emociones y tomar decisiones informadas. Las vías neuronales responsables del autocontrol y la autorregulación pueden verse afectadas por la sobrecarga emocional. Como resultado, los adolescentes pueden sentirse abrumados y sin la capacidad de enfrentar las demandas diarias de manera efectiva.

Es fundamental destacar la necesidad de crear un ambiente de comprensión, paciencia y apoyo mutuo entre padres e hijos. Los adolescentes necesitan saber que no están solos en este viaje y que tienen personas en su vida que están dispuestas a escuchar, comprender y ayudarlos a navegar por las turbulentas aguas del agotamiento emocional. Este entendimiento mutuo puede marcar la diferencia en la salud mental y emocional de los adolescentes, brindándoles la fortaleza para superar los desafíos y construir un futuro más brillante.

Superando el «no puedo»

La autoduda, representada por el omnipresente «no puedo», es otra área que merece atención desde una perspectiva neurocientífica. El cerebro adolescente está en un proceso constante de construcción y refinamiento de sus conexiones neuronales. Las creencias, especialmente aquellas relacionadas con la autoimagen y la autoeficacia, pueden influir en la dirección en la que se moldea el cerebro. Si un adolescente se aferra a la creencia de que no es capaz de superar un desafío, su cerebro puede fortalecer las conexiones neuronales que refuerzan esta creencia limitante.

Imagina que tu cerebro es como un camino en el bosque. Siempre que dices «no puedo» es como si colocaras una piedra en ese camino. Cuantas más veces dices no puedo, más piedras colocas y el camino se vuelve cada vez más difícil de recorrer.

En la adolescencia, tu cerebro es como una máquina que construye caminos y es muy bueno en ello. Si repites constantemente que no puedes hacer algo, tu cerebro construirá caminos que te llevan en la dirección de no puedo. Con el tiempo, esos caminos se vuelven más sólidos y difíciles de cambiar. Entonces, te encuentras atrapado en un camino que te dice que no puedes, lo que afecta tu confianza y tu habilidad para enfrentar desafíos. Por eso es importante tener cuidado con lo que dices, porque puede moldear la forma en que tu cerebro construye esos caminos en tu mente. Recordemos algo que dijo William James:

> «Eres tú, con tu forma de hablarte cuando determinas si te has caído en un bache o en una tumba».

Esta dinámica puede verse influida por la plasticidad cerebral, que es especialmente alta en la adolescencia. Las experiencias repetidas pueden fortalecer las conexiones neuronales específicas, lo que puede dificultar el cambio de patrones de pensamiento negativos. En consecuencia, los adolescentes pueden quedar atrapados en un ciclo autodestructivo de autoduda que puede afectar su confianza y su capacidad para superar obstáculos.

Es esencial para brindar a los adolescentes herramientas valiosas que les permitan desarrollar resiliencia y sobrellevar las adversidades que se presentan en esta etapa crucial de sus vidas. Es fundamental transmitir a los jóvenes que el no puedo es un estado mental, no una realidad inevitable. A través de historias inspiradoras, consejos prácticos y ejemplos de personas que han superado obstáculos, se puede mostrar a los adolescentes que tienen la fuerza interior para desafiar estas limitaciones autoimpuestas.

La clave radica en fomentar la mentalidad del «puedo intentarlo». Al alentar a los adolescentes a enfrentar sus miedos y dudas con coraje, se les enseña que el fracaso es parte del camino hacia el éxito y que cada intento, incluso si no es perfecto, es un paso hacia delante.

Testimonio real

Recordar mi *2.º de bachillerato me pone la piel de gallina. La selectividad* era como el monstruo debajo de la cama, acechando constantemente mis pensamientos. Me producía mucha angustia el preguntarme cómo voy a lidiar con todos estos exámenes. Cada vez que abría un libro para estudiar, me daba el bajón por la cantidad de materia que tenía que aprender.

Las noches previas a los exámenes eran lo peor, casi sin pegar ojo, dándole vueltas a todo. Cada pregunta en el examen era un reto gigante. Fue un verdadero caos de emociones, pero, al final, descubrí que tenía la fortaleza para superarlo. Fue un rollo, pero me enseñó a confiar en mí misma y a no dudar de mi capacidad. La selectividad fue un tramo difícil, pero me hizo crecer y entender la importancia de la perseverancia. A veces, ¡ni yo misma puedo creerme que lo superé!

Anónimo

Situación 1. Preparación para un examen importante

Carlos es un adolescente que se siente abrumado por un próximo examen de Matemáticas, el cual considera difícil. Ha estado lidiando con la ansiedad y el temor al fracaso, diciéndose a sí mismo que no puede lograrlo.

- **Romper la tarea en partes manejables.** Carlos comienza desglosando el material en temas más pequeños y manejables. Establece un plan de estudio con fechas límite realistas para cada sección, evitando la sobrecarga.
- **Practicar la autoaceptación.** Reconoce que es humano tener temores y dudas. Carlos acepta sus preocupaciones y recuer-

da que está haciendo lo mejor que puede en este momento y eso es suficiente.

- **Practicar técnicas de relajación.** Antes de estudiar y en momentos de estrés, Carlos practica técnicas de respiración profunda y relajación muscular para calmar su mente y cuerpo.
- **Celebrar pequeños logros.** A medida que avanza en su plan de estudio, celebra cada logro, por pequeño que sea. Esto le brinda un sentido de progreso y refuerza su motivación.
- **Buscando apoyo.** Habla con su profesor para aclarar dudas y busca ayuda de compañeros de clase. Discute los temas problemáticos y comparte estrategias de estudio efectivas.

Los ataques de ansiedad antes de los exámenes en mi etapa de bachillerato eran una pesadilla. La presión por rendir bien me agobiaba y cada vez que intentaba estudiar sentía un nudo en el estómago y pensamientos negativos como *«¿y si suspendo?»*.

Las noches previas a los exámenes eran una tortura, el insomnio era lo normal y mi mente no dejaba de dar vueltas. La ansiedad era un obstáculo grande, pero con apoyo y tiempo aprendí a lidiar con ella. Me di cuenta de que no estaba solo en esto y que tenía la capacidad para enfrentarme a ello. Aunque fue difícil, superar esos ataques de ansiedad me hizo más fuerte y me enseñó la importancia de la confianza en uno mismo. Ahora, miro hacia atrás y pienso: *«¡Uf, lo logré!»*.

Anónimo

Dibujo realizado por:
Samuel Grande
Aguilar, 16 años

Situación 2. Iniciar un nuevo pasatiempo

> Luisa siempre ha admirado a los músicos y siempre ha querido tocar el piano. Sin embargo, se siente abrumada por la complejidad del instrumento y constantemente se dice a sí misma que no puede aprenderlo.

Establecer metas alcanzables. En lugar de intentar dominar el piano de inmediato, Luisa establece metas realistas a corto plazo, como aprender una escala simple o una canción básica en una semana.

- **Practicar la paciencia.** Reconoce que aprender un instrumento lleva tiempo y dedicación. Luisa se permite cometer errores y aprender de ellos en lugar de frustrarse por no perfeccionarse de inmediato.
- **Dividir el tiempo de práctica.** En lugar de practicar durante largas sesiones, Luisa divide su tiempo de práctica en intervalos más cortos y regulares. Esto ayuda a evitar la fatiga y mantiene su motivación alta.

Solicitar orientación. Luisa busca un profesor o utiliza recursos en línea para obtener orientación y consejos sobre cómo mejorar su técnica y abordar desafíos específicos.

- **Practicar el autorrefuerzo positivo.** Celebra cada logro, incluso si es pequeño. Cuando aprende a tocar una nueva parte de una canción o mejora en una técnica, se premia de alguna manera, reforzando su motivación para seguir adelante.

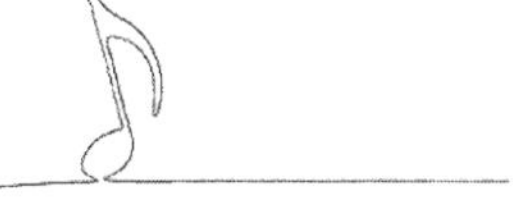

Aplicando la inteligencia emocional

La inteligencia emocional es una herramienta poderosa para apoyar a los adolescentes en momentos de agotamiento y autoduda. Los padres pueden enseñar a sus hijos a reconocer y expresar sus emociones, lo que puede aliviar la carga emocional. Además, aprender a dedicarse tiempo a uno mismo puede ayudar a los adolescentes a replantear sus creencias limitantes y a establecer objetivos realistas. Al fomentar la resiliencia y el empoderamiento, los padres pueden guiar a sus hijos hacia una renovación de su fuerza interior y la confianza en sus propias capacidades.

La adolescencia es un período de sorprendente transformación en el cerebro y cada experiencia emocional deja su huella. Desde la hiperactividad de la amígdala debido al agotamiento emocional hasta la formación y fortalecimiento de creencias limitantes, el cerebro adolescente es un campo de juego emocional y cognitivo.

A continuación, se indican ejemplos de situaciones reales con las respuestas que la inteligencia emocional aconseja.

Situación 1. Ansiedad por relaciones sociales y presión de grupo

Laura se siente ansiosa por encajar en su grupo de amigos y se siente abrumada por la presión de conformarse con lo que otros quieren.

Sé que te sientes ansiosa por encajar en tu grupo de amigos y que sientes que no puedes manejar la presión de conformarte a lo que otros quieren. Recuerda, eres único y especial tal como eres. En lugar de pensar que no puedes ser tú mismo, intenta encontrar amigos que te acepten por quién eres. La verdadera amistad se basa en la autenticidad y en ser quién realmente eres, no en tratar de encajar en un molde que no te sienta bien.

Situación 2. Presión social en una relación amorosa

María siente presión social para seguir las modas y expectativas en su relación amorosa, lo que está afectando su autenticidad y su conexión genuina con su novio.

Entiendo que puedas sentirte presionada por seguir las modas y expectativas en tu relación, especialmente en esta etapa de la vida. Sin embargo, es vital recordar que cada relación es única y debe basarse en la autenticidad y lo que realmente te hace feliz. En lugar de sentir que no puedes ser tú misma, te animo a que te concentres en lo que valoras en la relación y en comunicar tus sentimientos y necesidades a tu novio.

Las modas pueden cambiar, pero tu autenticidad y felicidad deben ser constantes en cualquier relación. Tienes el derecho de ser quién eres y de buscar una relación que te haga sentir genuinamente feliz y cómoda.

En esta situación, los padres aplican la inteligencia emocional al validar los sentimientos de María y reconocer la presión social que está enfrentando en su relación amorosa. Luego, al alentarla a centrarse en su autenticidad y en lo que realmente valora en la relación y a comunicar sus emociones y necesidades a su novio. Este enfoque ayuda a María a comprender que su autenticidad y felicidad son esenciales en cualquier relación, independientemente de las presiones sociales.

Situación 3. Desafío académico y autoestima baja

> Lúa ha estado luchando en la escuela y siente que no puede mejorar sus calificaciones.

Entiendo que te sientes abrumado por la carga académica y que sientes que no puedes hacerlo. Quiero que sepas que estamos aquí para apoyarte en todo momento. En lugar de pensar que no puedes hacerlo, intentemos dividir tus estudios en partes más manejables y establecer metas realistas semanales.

y no dejar que la ansiedad se apoderara de mí. Aunque los nervios me jugaron malas pasadas, también me enseñaron lecciones valiosas sobre cómo afrontar la presión y mantener la calma en momentos críticos.

Anónimo

Dibujo realizado por:
Samuel Grande Aguilar, 16 años

Además, no olvides que tus calificaciones no definen tu valía como persona. Lo importante es que hagas tu mejor esfuerzo y estamos orgullosos de ti por ello.

Estos ejemplos ilustran cómo los padres pueden aplicar la inteligencia emocional al validar los sentimientos y las preocupaciones de sus hijos, ofrecer apoyo emocional y alentar un cambio positivo de perspectiva.

La ansiedad y los nervios antes de los exámenes pueden tener un impacto significativo en el cerebro de un adolescente. Cuando experimentan niveles elevados de ansiedad, el cerebro puede activar la respuesta de lucha o huida, que es una reacción biológica natural para hacer frente a situaciones de estrés. Esto conlleva a la liberación de hormonas del estrés, como el cortisol, que pueden afectar negativamente la memoria, la concentración y la toma de decisiones, como se ha explicado en los primeros capítulos. La amígdala, una región del cerebro relacionada con las emociones, puede volverse hiperactiva, lo que amplifica la respuesta de ansiedad.

Para ayudar a un adolescente a lidiar con la ansiedad antes de los exámenes, es fundamental brindar apoyo emocional y enseñarles técnicas de manejo del estrés.

Esto puede incluir la práctica de la relajación y la respiración profunda, la planificación y organización adecuadas para reducir la incertidumbre, así como la promoción de hábitos de vida saludables, como una dieta equilibrada y ejercicio regular. Fomentar la comunicación abierta y ofrecer la posibilidad de buscar ayuda profesional, como terapia o asesoramiento, también puede ser beneficioso. Un ambiente de apoyo y comprensión puede marcar la diferencia en cómo un adolescente enfrenta la ansiedad y su impacto en el cerebro.

En conclusión, renovar la fuerza interior de un adolescente y ayudarlos a superar el sentimiento de no puedo es un proceso esencial en su desarrollo. Los adolescentes a menudo enfrentan desafíos que pueden parecer abrumadores, ya sea en el ámbito académico, social o emocional. Sin embargo, es crucial recordar que son capaces de enfrentar y superar estos obstáculos, siempre y cuando cuenten con el apoyo adecuado.

Para ayudar a un adolescente en tiempos de agotamiento y duda, debemos fomentar un entorno de apoyo y comprensión. Esto implica escuchar sus preocupaciones, ofrecer orientación y brindarles herramientas para lidiar con el estrés y la ansiedad. Alentándoles a que practiquen el autocuidado y a que mantengan una mentalidad positiva, podemos fortalecer su resiliencia y confianza en sí mismos. En última instancia, renovar la fuerza interior de un adolescente es un proceso continuo que requiere paciencia y apoyo constante. Con el tiempo, aprenderán a superar el no puedo y a abrazar un «sí, puedo» que les permitirá enfrentar los desafíos con determinación y confianza.

Capítulo 9

RESPIRA: LA ADOLESCENCIA CON AUTOCONCIENCIA Y CONFIANZA INTERIOR

En numerosas ocasiones, he experimentado la situación de estar supervisando un examen y presenciar cómo un estudiante comienza a sentirse abrumado, llegando incluso al punto de derramar lágrimas. Se encuentran completamente bloqueados. En algunas ocasiones, simplemente brindarles un poco de apoyo y orientación inicial ha sido suficiente para que puedan avanzar por sí mismos. En otras, he recurrido a la estrategia de reproducir videos divertidos en mi móvil para ayudarles a desconectar temporalmente, permitiéndoles relajarse y luego continuar con el examen. Esta táctica ha demostrado ser efectiva, evidenciando la autenticidad de su bloqueo. Ahora, vamos a sumergirnos en un análisis profundo de la relación entre la respiración consciente, la autoconciencia y la construcción de la confianza interna en el contexto específico de la adolescencia. Estos elementos, lejos de ser conceptos abstractos, se revelan como pilares fundamentales que influyen de manera significativa en la experiencia de crecimiento de los adolescentes.

La respiración, más allá de ser un proceso fisiológico, es un recurso clave para gestionar las tensiones inherentes a esta etapa de transición. Exploraremos cómo la incorporación de prácticas de respiración consciente puede impactar no solo en la salud física, sino también en la regulación emocional y la capacidad de afrontar los desafíos propios de la adolescencia.

La autoconciencia, por su parte, se posiciona como un faro que guía a los adolescentes a través del laberinto de descubrimiento personal. Analizaremos cómo el desarrollo de la autoconciencia no solo les permite comprender y gestionar sus propias emociones, sino que también fomenta una comprensión más profunda de su identidad en evolución.

La confianza interior, última pieza de este rompecabezas, será explorada como un proceso constructivo. Investigaremos cómo las experiencias positivas, el apoyo social y la resiliencia ante los desafíos contribuyen a la formación de una confianza interna sólida, actuando como un cimiento esencial para el desarrollo psicológico saludable.

A través de este análisis detallado, buscamos ofrecer una visión integral de cómo estos tres elementos, interconectados y complementarios, moldean la experiencia única de la adolescencia.

Desde el segundo de bachillerato, sabía que una etapa estaba llegando a su fin y una nueva estaba por comenzar. La elección de una carrera era crucial, buscaba algo que me apasionara y ofreciera oportunidades laborales. Sin embargo, me sentía perdida frente a la amplia gama de opciones, mientras veía a mis compañeros tan seguros de sus elecciones. La presión aumentaba a medida que se acercaba el momento de decidir, y me matriculé en varios grados universitarios en busca de claridad.

Mis amigos estaban emocionados por sus elecciones mientras yo seguía indecisa. Evitaba conversaciones sobre el tema y cambió mi respuesta a mi familia constantemente. La fecha límite para decidir se acercaba rápidamente, y me encontraba entre dos carreras. Opté por una de ellas impulsivamente justo antes del cierre del plazo.

Los días siguientes fueron una montaña rusa emocional. Cada decisión que tomaba era seguida por una oleada de ansiedad y dudas. Incluso al comenzar las clases, seguía cuestionando mi elección. Eventualmente, comprendí que debía aceptar mi decisión y seguir adelante sin mirar atrás.

Anónimo

La respiración consciente como herramienta de regulación emocional

En medio de la agitación de nuestra vida cotidiana, la respiración consciente a menudo se pasa por alto; sin embargo, demuestra ser una herramienta sumamente efectiva para reducir los niveles de cortisol y adrenalina en nuestro organismo.

La adolescencia, caracterizada por su tumulto emocional, plantea desafíos significativos en la gestión de las emociones para los jóvenes en desarrollo. En este contexto, la respiración consciente emerge como un recurso valioso y accesible para la regulación emocional. A nivel neurobiológico, esta práctica está intrínsecamente conectada al sistema nervioso autónomo, permitiendo a los adolescentes influir directamente en su respuesta al estrés. Específicamente, técnicas como la respiración abdominal profunda pueden activar la respuesta de relajación, contrarrestando la activación del sistema nervioso simpático y proporcionando una base fisiológica sólida para la gestión emocional.

La respiración consciente se convierte así en una herramienta práctica para los adolescentes, ofreciéndoles estrategias tangibles para abordar las complejidades emocionales. La incorporación de prácticas específicas, como la respiración abdominal y el *mindfulness* respiratorio, permite a los adolescentes centrarse en el presente y reducir la ansiedad asociada con las preocupaciones futuras o las tensiones pasadas. Estas prácticas, diseñadas para ser accesibles y aplicables en diversas situaciones, se convierten en una herramienta versátil que puede incorporarse fácilmente en la rutina diaria.

Los beneficios de la respiración consciente van más allá de un alivio inmediato, impactando positivamente en la regulación emocional a largo plazo en adolescentes. Estudios respaldan su eficacia para reducir el estrés, proporcionando a los jóvenes una herramienta efectiva para afrontar desafíos con calma. La práctica regular de estas técnicas puede contribuir a una mejora continua en la regulación emocional, fortaleciendo la resiliencia durante la compleja etapa de la adolescencia.

> Siéntate cómodamente y concéntrate en tu respiración. Inhala profundamente durante cuatro segundos, sostén la respiración durante cuatro segundos y exhala durante otros cuatro segundos. Repite esto varias veces.

Cultivando la autoconciencia: la brújula interna

En el contexto de la adolescencia, la autoconciencia emerge como una herramienta esencial, desempeñando un papel similar al de un faro interno que ilumina las complejidades de esta etapa de desarrollo. De manera análoga a encender una linterna en una habitación oscura, la autoconciencia nos permite arrojar luz sobre nuestros procesos mentales, emociones y comportamientos.

Imagina estar lidiando con altos niveles de estrés en tu vida diaria. En esta situación, la autoconciencia se convierte en un recurso crítico. Te capacita para adentrarte en ese estado de estrés, analizando su origen y los patrones subyacentes. A través de esta comprensión, somos capaces de tomar medidas concretas, identificar estrategias para su manejo y, en última instancia, restaurar el equilibrio emocional.

La adolescencia es una etapa de la vida en la que las emociones y el estrés pueden ser especialmente intensos. En este contexto, la autoconciencia se vuelve aún más valiosa. No solo nos ayuda a comprender nuestros estados emocionales, sino que también nos proporciona la oportunidad de desarrollar estrategias efectivas para la autorregulación y la gestión del estrés.

Hugo, un adolescente de quince años en plena vorágine de cambios físicos y emocionales. En ocasiones, se siente abrumado por sus emociones y no logra entender por qué se siente de cierta manera. Sin embargo, comienza a dedicar tiempo a la reflexión diaria. Mantiene un diario donde anota sus emociones, pensamientos y experiencias del día.

A través de esta práctica, Hugo comienza a reconocer patrones en sus emociones y comportamientos. Se da cuenta de que ciertas situaciones o interacciones desencadenan reacciones emocionales particulares en él. Este momento de autorrevelación es crucial. La autoconciencia florece cuando los adolescentes empiezan a conectar las piezas del rompecabezas que son sus emociones.

A través de la autoexploración, podemos comprender nuestras emociones, patrones de pensamiento y reacciones, permitiéndonos tomar decisiones más informadas y auténticas.

Reserva un momento tranquilo para estar contigo mismo.

Sintoniza con tus emociones actuales. ¿Qué sientes en tu cuerpo? ¿Qué pensamientos están rondando tu mente?

Sin juzgar, anota tus observaciones en un diario emocional. Esto fomenta la conexión entre tus estados emocionales y cognitivos.

Cierra los ojos y visualiza un objetivo deseado.

Imagina cada paso hacia ese objetivo. ¿Qué decisiones tomas? ¿Cómo resuelves los obstáculos?

Abre los ojos y anota tus observaciones. Esto ayuda a establecer conexiones entre tus aspiraciones y acciones.

Testimonio real

Como deportista profesional, experimento una intensa presión antes de cada competición importante. La combinación de expectación y nerviosismo la siento por todo el cuerpo, pero encuentro que la clave radica en la confianza, en creer en mis habilidades.

Durante la competición, la presión se hace evidente, pero es en ese momento cuando la confianza se convierte en mi mejor aliada. Cada movimiento se transforma en una oportunidad para demostrar lo que he perfeccionado. La confianza no solo me ayuda a superar obstáculos, sino que también convierte la presión en un estímulo para dar lo mejor de mí.

Para gestionar los nervios previos a una competición o en momentos de alta tensión, recurro a la técnica de respiración profunda. Además, incorporo música relajante para establecer un ambiente sereno.

Anónimo

Cultivando la confianza interna: el cimiento del éxito

En nuestra travesía hacia el éxito personal y la realización, nos encontramos con un compañero indispensable: la confianza interna. Es como ese cimiento sólido que sostiene el edificio de nuestras metas y aspiraciones. La confianza en nosotros mismos y en nuestras habilidades es la base sobre la cual construimos nuestros sueños.

Imagina enfrentar un nuevo desafío, ya sea en el trabajo, en una relación o en un proyecto personal. La confianza interna nos permite abrazar ese desafío con valentía y determinación.

La confianza es el motor que impulsa nuestro coraje para dar el paso inicial, incluso cuando el camino se vuelve difícil.

La confianza interna en los adolescentes es un aspecto fundamental en su desarrollo. Durante esta etapa, están en un período de transición y cambio y la confianza en sí mismos juega un papel crucial en su bienestar emocional y en su éxito en la vida. Alimentar la confianza interna implica que los adolescentes se conozcan a sí mismos, comprendan sus fortalezas y debilidades y se acepten tal como son.

Además, la confianza interna está intrínsecamente ligada a la autoestima positiva. Los adolescentes necesitan aprender a valorarse a sí mismos, a reconocer sus logros y a apreciar sus cualidades únicas. Esta apreciación de sí mismos les permite afrontar desafíos y situaciones de manera más asertiva y segura. Cuando tienen una buena autoestima, están más dispuestos a tomar decisiones informadas, establecer metas realistas y trabajar hacia ellas con determinación y persistencia.

La construcción de esta también implica fomentar un entorno de apoyo. Los adolescentes necesitan relaciones positivas y alentadoras con familiares, amigos y educadores. Estos vínculos les brindan la seguridad emocional y la validación que necesitan para desarrollar la confianza en sí mismos. El apoyo constante les permite superar la autocrítica excesiva y cultivar una actitud positiva hacia sí mismos y hacia sus capacidades.

María, una adolescente de dieciocho años que solía dudar de sus habilidades y se preocupaba demasiado por lo que otros pensaban de ella, decidió que era hora de trabajar en su confianza interna.

- Comenzó estableciendo metas realistas y alcanzables para sí misma. Cada vez que lograba una meta, por pequeña que fuera, sentía una oleada de confianza.

- Durante este proceso, María dejó de compararse con sus compañeros y aprendió a valorar su propio progreso y habilidades únicas, reconociendo su valía intrínseca.

- Además, la comunicación positiva consigo misma se volvió una práctica diaria. En lugar de autoexigirse y criticarse, empezó a motivarse y elogiarse por sus esfuerzos. Esta actitud constructiva le permitió superar obstáculos y errores con una perspectiva de aprendizaje en lugar de derrota.

- A medida que su confianza interna creció, también lo hizo su capacidad para tomar decisiones informadas. María confiaba en sus elecciones y opiniones, lo que le permitía establecer límites saludables y decir no cuando era necesario. Esta habilidad resultó fundamental para mantener relaciones interpersonales saludables y para mantenerse enfocada en sus objetivos.

Dibujo realizado por Miguel Ángel González Martínez, 16 años

Testimonio real

En mi etapa escolar, las opiniones de los demás pesaban bastante y una voz afirmaba que no me iba a ir bien en cierta materia y que mi futuro en eso no pintaba bien. A pesar de no estar convencido, cambié de rumbo. En ese entonces, era más joven y ahora lamento haberle dado tanto crédito a lo que decían. Preferiría haber continuado en esa dirección, aunque hubiera sido más difícil, y haber podido hacer una carrera relacionada. Pero, bueno, ya está hecho; con ese cambio, perdí la oportunidad de seguir esa línea que realmente me interesaba y me arrepiento.

Que este testimonio sirva como recordatorio de la importancia de reflexionar antes de hablar a los jóvenes, ya que sus palabras tienen el poder de condicionar las experiencias y decisiones.

Anónimo

Este testimonio nos invita a reflexionar sobre el impacto que las opiniones de padres y educadores pueden tener en las decisiones fundamentales que los jóvenes toman respecto a su futuro académico y profesional. Se resalta cómo la percepción negativa de una figura de autoridad puede llevarlos a cambiar de rumbo, incluso en contra de sus verdaderos intereses.

Esto nos recuerda la importancia de considerar cómo la falta de apoyo o la desconfianza por parte de padres y educadores puede impulsar a los jóvenes a renunciar prematuramente a sus aspiraciones. Plantea preguntas cruciales sobre la responsabilidad compartida en la influencia de las decisiones de los jóvenes.

¿Hasta qué punto nuestras expectativas y juicios condicionan su capacidad para explorar y seguir sus auténticas pasiones?

Testimonio real

Recuerdo con cariño cómo el apoyo incondicional y la confianza de mis padres y educadores han sido pilares fundamentales en mi camino. Hubo un momento crucial durante un examen del último año de bachiller en el que me bloqueé y la profesora no solo me relajó, sino que también me animó a continuar.

Ese gesto de apoyo marcó la diferencia. Sentí que comprendió mi situación y me transmitió calma, lo que me permitió superar ese bloqueo y seguir adelante con confianza.

Anónimo

Cultivar la confianza interna es un proceso continuo. Es como sembrar una semilla y luego nutrirla con experiencias positivas y aprendizajes de los desafíos. Reconocer nuestras fortalezas y logros, por pequeños que parezcan, es parte integral de este proceso. Al igual que un jardinero cuida y riega su jardín, debemos cuidar y nutrir nuestra confianza interna con amor y dedicación. La autoafirmación positiva y la visualización creativa son herramientas poderosas.

Afrontando un nuevo desafío

Imagina a Juan, quien está a punto de dar una presentación en su trabajo sobre un tema que ha estado investigando intensamente. Aunque siente cierta ansiedad, confía en su preparación y experiencia en el tema.

Al encontrarse frente a la audiencia, Juan experimenta una activación en su córtex prefrontal, esa parte crucial del cerebro que le permite mantener la calma y centrarse completamente en el mensaje que va a transmitir. Lo que potencia esta activación cerebral es su confianza en su conocimiento y habilidades, proporcionándole la fortaleza necesaria para abordar este desafío con serenidad y determinación. Este equilibrio entre su preparación mental y su confianza en sí mismo se traduce en una presentación segura y efectiva ante la audiencia. Juan se siente capaz y en control, lo que le permite expresar sus ideas de manera clara y convincente, generando así una conexión positiva con su público.

Capítulo 10

LA TRAMPA DE LA SOBREPROTECCIÓN Y LA FALTA DE RESPONSABILIDAD EN LOS ADOLESCENTES

La crianza de adolescentes es un viaje lleno de desafíos y uno de los dilemas más comunes que enfrentan los padres es encontrar el equilibrio adecuado entre proteger a sus hijos y permitirles asumir responsabilidades. A menudo, la tendencia a sobreproteger a los adolescentes puede resultar en una falta de responsabilidad por parte de estos jóvenes, lo que, a su vez, puede tener repercusiones en su desarrollo cognitivo y emocional. Desde una perspectiva neurocientífica, es importante explorar este fenómeno críticamente y comprender cómo puede afectar a nuestros adolescentes.

Sin embargo, aquí es donde puede surgir una trampa insidiosa: la sobreprotección. Cuando los padres sobreprotegen a sus hijos adolescentes, a menudo asumen la mayoría de las responsabilidades y decisiones por ellos. Esto puede incluir tareas simples, como la gestión del tiempo, el dinero y la planificación diaria.

Sobreprotección: el doble filo del cariño

La adolescencia es un período de la vida en el que los jóvenes buscan su independencia y autonomía. Es una etapa de transición crucial en la que los adolescentes deben aprender a tomar decisiones, enfrentar desafíos y cometer errores para crecer y desarrollarse plenamente. Sin embargo, la sobreprotección de los padres, aunque motivada por el amor y la preocupación, puede actuar como una barrera en este camino hacia la madurez.

La neurociencia nos ofrece una comprensión profunda de cómo el cerebro adolescente se encuentra en constante desarrollo y adaptación. La corteza prefrontal, que desempeña un papel fundamental en la toma de decisiones y el juicio, se está moldeando durante esta etapa. Es como un músculo que necesita ejercitarse y la sobreprotección puede ser el equivalente a mantenerlo en reposo. Como resultado, los adolescentes pueden verse limitados en su capacidad para desarrollar habilidades cognitivas y emocionales esenciales.

Imagina a un adolescente como un corredor en una pista de carreras. Su cerebro, específicamente la corteza prefrontal, es como los músculos que lo ayudan a correr y tomar decisiones. Ahora, si siempre le dices al corredor que no necesita correr ni tomar decisiones porque tú lo harás por él, sus músculos no se desarrollarán adecuadamente, ¿verdad? Estarán débiles y poco preparados para el momento en que realmente necesite correr una carrera.

De manera similar, si proteges en exceso a un adolescente y tomas todas las decisiones por él, su corteza prefrontal no se ejercita ni desarrolla como debería. Necesita oportunidades para correr y tomar decisiones, incluso si comete algunos errores en el camino, para fortalecer su músculo cerebral y estar preparado para los desafíos de la vida.

Es importante reconocer que la sobreprotección no es una muestra de falta de amor, sino, más bien, una expresión excesiva del mismo. Los padres quieren proteger a sus hijos, pero es fundamental encontrar un equilibrio que permita a los adolescentes enfrentar desafíos y desarrollar la confianza en sí mismos. La neurociencia nos recuerda que el cerebro adolescente es altamente maleable, lo que significa que los jóvenes tienen la capacidad de aprender y crecer. Sin embargo, esto requiere estímulo y desafío y es responsabilidad de los padres proporcionar un entorno que fomente este crecimiento. La sobreprotección puede convertirse en una trampa que obstaculiza el desarrollo de habilidades y la madurez emocional de los adolescentes, pero con el conocimiento adecuado y la voluntad de encontrar un equilibrio los padres pueden desempeñar un papel vital en el crecimiento de sus hijos hacia la independencia.

Cuando se les permite tomar decisiones, gestionar su tiempo y asumir responsabilidades, están ejercitando su corteza prefrontal y fortaleciendo sus habilidades de planificación, toma de decisiones y resolución de problemas.

La responsabilidad es uno de los principales estímulos para el desarrollo cerebral en los adolescentes.

Los efectos de la sobreprotección

Como docentes, nos enfrentamos diariamente a uno de los mayores desafíos en las aulas: la transformación de la educación y el cambio en el carácter y el respeto de los adolescentes hacia nosotros debido a la sobreprotección.

Este tipo de cuidado excesivo puede manifestarse en diversas formas en la vida de un adolescente. Los jóvenes que son sobreprotegidos pueden experimentar dificultades para tomar decisiones, resolver problemas por sí mismos, manejar el fracaso o adaptarse a situaciones adversas. Como resultado, pueden desarrollar ansiedad, baja autoestima y falta de confianza en sus propias capacidades.

La sobreprotección puede tener un impacto en la estructura y función del cerebro adolescente.

Testimonio real

Sé que quieren lo mejor para mí, pero me gustaría tener la oportunidad de aprender de mis propios errores y tomar decisiones, incluso si eso significa cometer algunos errores en el camino. A veces siento que no me tienen confianza o que no creen en mi capacidad para cuidar de mí mismo.

Quiero independencia y la oportunidad de crecer, pero parece que la sobreprotección de mis padres me impide hacerlo. Es como si estuviera viviendo en una jaula dorada y aunque es cómoda también es limitante. Espero que algún día puedan darme un poco más de espacio para que pueda aprender y crecer por mí mismo.

Anónimo

Este testimonio tan típico entre adolescentes refleja el deseo de más independencia y la frustración que sienten debido a la sobreprotección de los padres. A pesar del amor y la preocupación de los padres, se sienten atrapados y limitados en su crecimiento. La comunicación abierta entre padres e hijos es esencial para encontrar este equilibrio y permitir que los adolescentes crezcan de manera saludable.

Los padres deben ser conscientes de cuándo es apropiado intervenir y cuándo es mejor permitir que sus hijos experimenten las consecuencias de sus acciones. Este enfoque les brinda la oportunidad de aprender lecciones valiosas y desarrollar habilidades de resiliencia, adaptabilidad y autoafirmación.

Al no permitir que los adolescentes experimenten y gestionen sus propias emociones y desafíos, se les priva de la oportunidad de desarrollar habilidades emocionales críticas, como la autorregulación emocional, la empatía y la toma de perspectiva.

El impacto de la sobreprotección en la autoestima y la autoeficacia de los adolescentes

La autoestima y la autoeficacia son dos aspectos cruciales en el desarrollo de los adolescentes, ya que influyen en su bienestar emocional y su capacidad para tomar decisiones efectivas. La autoestima se relaciona con cómo se perciben a sí mismos en términos de valor y autoconcepto, mientras que la autoeficacia se refiere a su creencia en su capacidad para llevar a cabo tareas y superar desafíos. Ambos aspectos son esenciales para su desarrollo psicológico.

La sobreprotección por parte de los padres puede enviar un mensaje a los adolescentes de que no son lo suficientemente capaces para enfrentar la vida por sí mismos. Esta percepción de falta de autonomía puede socavar la autoestima y la autoeficacia de los jóvenes, limitando su crecimiento y desarrollo. Para comprender mejor este fenómeno, es crucial explorar cómo se forma y fortalece la percepción de uno mismo y la creencia en la propia capacidad.

El desarrollo de habilidades de resolución de problemas es un elemento fundamental para el éxito en la vida cotidiana de los adolescentes. Estas habilidades les permiten abordar desafíos y obstáculos de manera efectiva, lo que tiene implicaciones tanto en su bienestar como en su capacidad para tomar decisiones. A nivel neurológico, la resolución de problemas involucra a varias regiones cerebrales que trabajan juntas para analizar información, recordar soluciones previas y evaluar posibles resultados. La exposición a problemas y desafíos contribuye al fortalecimiento de estas conexiones neuronales y mejora la eficiencia del proceso de resolución de problemas.

> La sobreprotección puede limitar la exposición de los adolescentes a situaciones que requieren resolver problemas por sí mismos.

Desde una perspectiva crítica, surge la cuestión de si nuestra preocupación por la seguridad y el bienestar inmediato de los adolescentes puede estar impidiendo su desarrollo cerebral y emocional a largo plazo.

¿Estamos comprometiendo su capacidad de resolver problemas y adaptarse al mundo real al intervenir en exceso y no permitirles enfrentar desafíos?

Cuando un adolescente se enfrenta a desafíos y toma decisiones por sí mismo, el cerebro se activa de una manera especial. Estas experiencias desencadenan una serie de reacciones cerebrales que fortalecen las conexiones neuronales relacionadas con la autoestima y la autoeficacia. Estas conexiones neuronales, presentes en áreas clave del cerebro, como la corteza prefrontal y el sistema límbico, se fortalecen a medida que los adolescentes aprenden que son capaces de tomar decisiones, resolver problemas y enfrentar desafíos.

Sin embargo, cuando los adolescentes son constantemente rescatados de situaciones difíciles o se les priva de la oportunidad de enfrentar desafíos, estas valiosas oportunidades de desarrollo cerebral se ven limitadas. Las conexiones neuronales que fomentan la confianza en sí mismos y la percepción de autoeficacia no se fortalecen adecuadamente. En lugar de aprender que son capaces de manejar situaciones, pueden desarrollar una creencia errónea de que son incompetentes o indefensos.

Este análisis nos lleva a cuestionar si, en nuestro afán por proteger a los jóvenes de las dificultades, estamos inadvertidamente socavando su capacidad para desarrollar una sólida base emocional y de autoconfianza. Como padres y cuidadores, es crucial encontrar un equilibrio entre la protección y la autonomía para garantizar que los adolescentes tengan las mejores oportunidades para un desarrollo cerebral y emocional saludable, permitiéndoles navegar la vida de manera más independiente y segura.

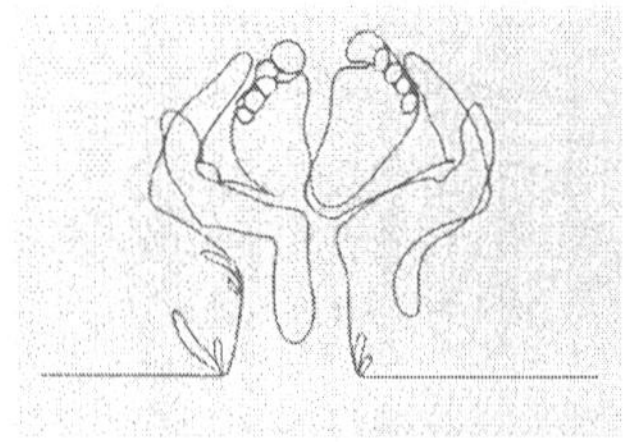

¿Cómo funciona nuestro cerebro ante los errores en el proceso de crecimiento y desarrollo personal?

El funcionamiento del cerebro en respuesta a un error es un proceso neuropsicológico fascinante. Cuando cometemos un error, varias áreas del cerebro se activan y colaboran para comprender y aprender de la equivocación. El cerebro detecta el error a través de la detección de la discrepancia entre la respuesta correcta y la respuesta dada, y la corteza prefrontal, en particular la región anterior cingulada, desempeña un papel clave en esta detección.

Una vez que se identifica el error, el cerebro inicia una respuesta emocional, que a menudo involucra el sistema límbico. Las emociones como la frustración, la sorpresa o la incomodidad pueden surgir como resultado de cometer un error. Esto se debe en parte a la liberación de neurotransmisores, como la dopamina y la serotonina, en el sistema límbico, lo que modula las emociones y afecta la percepción de uno mismo.

La siguiente etapa es la corrección del error, donde el cerebro se centra en aprender de la equivocación y ajustar su comportamiento en el futuro. Esto implica la activación de la corteza prefrontal dorsolateral, que se encarga de la toma de decisiones y la planificación. También se estimulan áreas relacionadas con la memoria, como el hipocampo, para recordar la experiencia y evitar cometer el mismo error nuevamente.

Desde una perspectiva neuropsicológica y química, estas reacciones cerebrales pueden influir en la autoimagen, la autoestima y la autoeficacia de los adolescentes. Cometer errores y aprender de ellos es una parte fundamental del desarrollo emocional y cognitivo y comprender cómo estas reacciones cerebrales están relacionadas con el aprendizaje y el crecimiento personal puede ser esencial para apoyar a los adolescentes en su camino hacia la independencia y la toma de decisiones efectiva.

Imagina que estás cocinando una receta nueva que encontraste en internet. Sigues todos los pasos, pero cuando pruebas el plato te das cuenta de que no tiene un buen sabor. Tu cerebro experimenta un proceso similar al detectar y aprender de un error.

Primero, tu corteza prefrontal detecta el error al comparar el sabor del plato con lo que esperabas. Reconoce la discrepancia y te das cuenta de que has cometido un error en la preparación.

Entonces, puedes sentir emociones como frustración o decepción, ya que tu sistema límbico entra en acción. Estas emociones están relacionadas con la liberación de sustancias químicas en tu cerebro.

Después de admitir el error en la receta, tu corteza prefrontal dorsolateral comienza a trabajar en la corrección. Empiezas a pensar en por qué el plato no salió como esperabas y en cómo puedes ajustar la receta la próxima vez. Tu hipocampo también está activo para recordar la experiencia y no cometer el mismo error culinario en el futuro.

En este ejemplo, el proceso de cometer un error al cocinar refleja cómo tu cerebro detecta, experimenta emociones y aprende de la equivocación. Este proceso es esencial para mejorar tus habilidades culinarias y evitar errores similares en futuras recetas.

Relación entre la sobreprotección y la ansiedad en los adolescentes

La relación entre la sobreprotección y la ansiedad en los adolescentes es un tema de gran importancia que merece una reflexión profunda. Desde una perspectiva neuropsicológica, el impacto de la sobreprotección en la ansiedad de los adolescentes es evidente. Cuando los jóvenes tienen la oportunidad de enfrentar desafíos y aprender a lidiar con situaciones estresantes por sí mismos, están participando en un proceso clave de desarrollo cerebral. Esto implica el fortalecimiento de las regiones prefrontales de su cerebro, que están relacionadas con la toma de decisiones y la regulación emocional. La exposición controlada a desafíos les permite desarrollar habilidades de afrontamiento y autorregulación, lo que puede disminuir su ansiedad.

Por otro lado, la sobreprotección, al evitar que los adolescentes enfrenten situaciones desafiantes, puede generar una dependencia emocional de sus padres. Esto se traduce en una falta de experiencia en la gestión del estrés por parte de los adolescentes cuando no cuentan con la presencia o el apoyo de sus padres. Como resultado, pueden experimentar una mayor ansiedad en situaciones en las que deben enfrentar el mundo por sí mismos.

En nuestra sociedad, es esencial reflexionar sobre cómo estamos criando a la próxima generación y si nuestras acciones contribuyen al aumento de la ansiedad en los adolescentes. Fomentar un entorno en el que puedan enfrentar desafíos con el apoyo adecuado y aprender a manejar el estrés de manera saludable es fundamental para su desarrollo cerebral y emocional. Esto no solo beneficiará su bienestar emocional actual, sino que también les brindará las herramientas necesarias para enfrentar los desafíos de la vida en el futuro.

> La sobreprotección puede generar una dependencia emocional de los padres y un miedo constante a enfrentar el mundo por sí mismos.

Dibujo realizado por:
Lucía Pérez Gil, 15 años

Alternativas a la sobreprotección

La búsqueda de alternativas a la sobreprotección es una cuestión de gran importancia en la educación de los adolescentes. Uno de los enfoques más efectivos es crear un entorno que fomente la autonomía gradual y controlada. En lugar de imponer restricciones excesivas, proporcionar a los adolescentes oportunidades para tomar decisiones, enfrentar desafíos y aprender de sus errores es esencial. Desde una perspectiva neurológica, esta práctica tiene implicaciones significativas, ya que contribuye al desarrollo de conexiones neuronales relacionadas con la resiliencia y la toma de decisiones.

Es esencial comprender que promover la autonomía no significa abandonar a los adolescentes por completo. Por el contrario, implica brindar el apoyo y la orientación necesarios al tiempo que les permite asumir la responsabilidad y enfrentar las consecuencias de sus elecciones. Este enfoque no solo les brinda la oportunidad de desarrollar habilidades de afrontamiento y toma de decisiones, sino que también les ayuda a fortalecer su autoimagen y autoeficacia.

La reflexión final nos lleva a cuestionar nuestras propias prácticas como adultos en la vida de los adolescentes.

¿Estamos facilitando su desarrollo al permitirles asumir responsabilidades y enfrentar desafíos, o estamos limitando su crecimiento al sobreprotegerlos?

Al comprender la importancia de encontrar un equilibrio entre la protección y la autonomía, podemos contribuir a un desarrollo cerebral y emocional más saludable en la próxima generación.

Situación 1. La excesiva ayuda en las tareas escolares

Un adolescente de quince años, Marcos, está luchando con sus tareas escolares. Sus padres, preocupados por su rendimiento académico, han estado haciendo la mayoría de sus tareas por él para asegurarse de que no fracase.

Marcos se siente cada vez más inseguro acerca de sus habilidades académicas. No desarrolla la independencia necesaria para gestionar su tiempo y completar tareas de manera eficiente. Esto afecta su autoestima y su confianza en sus propias habilidades

Situación 2. La ausencia de responsabilidad financiera

Una adolescente de dieciséis años, Ana, nunca ha tenido que preocuparse por el dinero. Sus padres cubren todos sus gastos sin que ella tenga que trabajar ni aprender sobre la administración financiera.

Ana crece sin comprender el valor del dinero y carece de habilidades financieras básicas. A medida que ingresa a la adultez, se encuentra despreparada para tomar decisiones financieras responsables y enfrenta dificultades en su vida financiera.

Situación 3. Evitar las conversaciones incómodas

Los padres de Aria, una adolescente de catorce años, evitan discutir temas difíciles, como las relaciones sexuales, las drogas y el alcohol. Temen que estas conversaciones puedan influenciarla negativamente.

Aria no recibe orientación adecuada sobre temas importantes. Esto la deja vulnerable a tomar decisiones riesgosas sin comprender completamente las implicaciones. La falta de comunicación abierta también puede afectar su confianza en sus padres para obtener apoyo en momentos difíciles.

Situación de alternativas a la sobreprotección

Carlos quiere aprender a cocinar por sí mismo. Sus padres, en lugar de hacerlo todo por él o prohibírselo por temor a accidentes, deciden supervisar sus intentos y proporcionar orientación, enseñándole las medidas de seguridad adecuadas.

Carlos aprende a seguir instrucciones, evaluar riesgos y tomar decisiones informadas en la cocina. Esta experiencia no solo mejora sus habilidades culinarias, sino que también fortalece su confianza en sí mismo y su capacidad para enfrentar nuevos desafíos. A largo plazo, esta autonomía gradual lo prepara para enfrentar de manera más efectiva la vida independiente y tomar decisiones responsables en su vida adulta.

Dibujo realizado por:
Miguel Ángel González Martínez, 16 años

En mi época de instituto, sentía que mi madre estaba obsesionada con los estudios. A menudo, se preocupaba tanto por mi éxito que terminaba haciendo los esquemas, resúmenes y preguntándome sobre la lección. Su intención era asegurarse de que obtuviera buenas calificaciones y no tuviera que enfrentar demasiadas dificultades. Aprecio su apoyo, pero, al mismo tiempo, siento que no estaba aprendiendo completamente. No estaba desarrollando mis habilidades de estudio ni mi autonomía. Su constante ayuda, aunque bienintencionada, a veces me hacía dudar de mis propias capacidades.

> A lo largo del tiempo, he llegado a entender que encontrar el equilibrio entre el apoyo y la autonomía es fundamental.
>
> Anónimo

La neurociencia nos muestra que la sobreprotección puede tener consecuencias negativas en el desarrollo cerebral de los adolescentes. Al evitar que enfrenten desafíos y asuman responsabilidades, les estamos privando de oportunidades esenciales para el crecimiento y la madurez. En lugar de ello, encontrar un equilibrio entre el apoyo y la responsabilidad es fundamental para ayudar a los adolescentes a desarrollar cerebros fuertes y habilidades de vida.

Como padres o cuidadores, el objetivo es guiar a los adolescentes hacia la independencia y la responsabilidad, brindándoles las herramientas que necesitan para navegar por el mundo adulto. Al hacerlo, estamos construyendo una base sólida para su futuro y contribuyendo al desarrollo de cerebros adolescentes fuertes y resilientes.

Capítulo 11

GUIANDO DESDE DENTRO: CÓMO SER EL GUÍA DE UN ADOLESCENTE DESDE LA NEUROCIENCIA

La crianza es una travesía emocionante y desafiante que nos lleva a las profundidades del cerebro en desarrollo de nuestros hijos. En este viaje, el guía se convierte en una brújula invaluable que guía a los padres a través del mar de la neurociencia. Más allá de enseñar habilidades de vida, ser las alas para nuestros adolescentes implica comprender cómo sus cerebros se desarrollan y cómo nuestras interacciones moldean esas conexiones neuronales en crecimiento.

Desde la neurociencia, cada conversación, cada abrazo, cada límite establecido tiene un impacto en su cerebro en desarrollo. Los primeros años de vida son particularmente cruciales, ya que las conexiones neuronales se forman a un ritmo asombroso. La interacción constante con los padres y cuidadores fortalece estas conexiones, proporcionando la base para futuras habilidades emocionales y cognitivas.

A medida que avanzan hacia la adolescencia, sus cerebros continúan evolucionando. La corteza prefrontal, la región responsable del juicio y la toma de decisiones, sigue desarrollándose. Los adolescentes pueden experimentar un mayor impulso emocional debido a la hiperactividad de la amígdala, una estructura cerebral clave relacionada con las emociones. Este conocimiento neurocientífico nos permite comprender por qué los adolescentes pueden parecer impulsivos o emocionales en ciertas situaciones.

Ser un guía efectivo implica utilizar este conocimiento neurocientífico para adaptar nuestras estrategias de crianza. Fomentar la comunicación abierta y compasiva puede ayudar a los adolescentes a desarrollar habilidades de autorregulación emocional. Establecer límites claros y coherentes puede ayudar a moldear conexiones neuronales que apoyen la toma de decisiones responsables.

Además, la inteligencia emocional desempeña un papel vital. Enseñar a los adolescentes a reconocer, comprender y gestionar sus emociones no solo les brinda herramientas para la vida, sino que también influye en la plasticidad cerebral. La práctica constante de la inteligencia emocional puede fortalecer las conexiones neuronales relacionadas con la empatía, la emoción y la comunicación efectiva.

Principios de la neuroeducación

Los principios de la neuroeducación se basan en la neuropsicología, una disciplina que explora la relación entre el cerebro y el proceso de aprendizaje. Al comprender cómo funciona el cerebro durante el aprendizaje, podemos mejorar nuestras estrategias educativas y proporcionar a los estudiantes un entorno propicio para el desarrollo intelectual y emocional.

La neuropsicología nos enseña que el cerebro es altamente maleable, especialmente en las etapas tempranas de la vida. Esto significa que el aprendizaje y la adquisición de habilidades son procesos que involucran la creación y fortalecimiento de conexiones neuronales. Los principios de la neuroeducación enfatizan la importancia de proporcionar experiencias de aprendizaje enriquecedoras y desafiantes que estimulen la formación de estas conexiones neuronales.

Además, la neuropsicología nos muestra que cada individuo es único en la forma en que procesa y retiene la información. Los principios de la neuroeducación abogan por la individualización del proceso de enseñanza, reconociendo que los estudiantes tienen diferentes estilos de aprendizaje y necesidades específicas. Al adaptar nuestras estrategias educativas para satisfacer estas diferencias, podemos ayudar a cada estudiante a alcanzar su máximo potencial.

Principio 1. Plasticidad cerebral y adaptabilidad

Clara, una adolescente de quince años, ha estado luchando en matemáticas. Siente que no puede mejorar y que las matemáticas simplemente no son para ella.

La plasticidad cerebral es la capacidad del cerebro para cambiar y adaptarse en respuesta a la experiencia y el aprendizaje. Es importante que Clara comprenda que su cerebro puede cambiar y mejorar, incluso en áreas donde actualmente tiene dificultades, como las matemáticas.

Al comprender este principio, se puede alentar a Clara a perseverar, a adoptar estrategias de estudio efectivas y a buscar ayuda cuando sea necesario. Saber que su cerebro puede adaptarse y crecer le brinda la confianza para abordar sus desafíos académicos con una mentalidad de crecimiento.

Principio 2. Conexiones neuronales y reforzamiento

Pedro, un adolescente de diecisiete años, está aprendiendo a tocar la guitarra. Al principio, le resulta difícil coordinar sus dedos y recordar acordes.

Cuando Pedro practica la guitarra, está formando y reforzando conexiones neuronales en su cerebro. Con el tiempo y la práctica constante, estas conexiones se fortalecen y tocar acordes se vuelve más fácil y fluido.

Comprender que el aprendizaje está relacionado con la formación y consolidación de conexiones neuronales puede motivar a Pedro a practicar regularmente y persistir a pesar de los desafíos iniciales.

Principio 3. Emoción y aprendizaje

Antonio, un adolescente de dieciséis años, está muy interesado en el cine y desea aprender más sobre la edición de *vídeo*.

La emoción y el aprendizaje están estrechamente relacionados. Cuando Antonio está emocionado y apasionado por aprender sobre edición de vídeo, su cerebro libera neurotransmisores, como la dopamina, que mejoran la atención y la retención de la información.

Al reconocer este principio, Antonio puede buscar formas de conectar su interés emocional con su aprendizaje, lo que hará que la experiencia de aprendizaje sea más efectiva y gratificante para él.

Al comprender y aplicar estos principios de neuroeducación, los adolescentes pueden maximizar su aprendizaje y su desarrollo. Conocer cómo funciona el cerebro y cómo se puede influir en su plasticidad y adaptabilidad puede motivarlos a abordar desafíos, aprender nuevas habilidades y desarrollar una mentalidad positiva hacia el aprendizaje y el crecimiento personal.

Enseñanza de la autorregulación emocional

La autorregulación emocional es una herramienta poderosa que tiene un sólido respaldo en la neurociencia. Cuando exploramos cómo el cerebro procesa y responde a las emociones, podemos apreciar profundamente la importancia de enseñar a los adolescentes a autorregular sus respuestas emocionales.

Cuando enseñamos a las adolescentes técnicas de autorregulación emocional, como la respiración consciente o la reestructuración cognitiva, estamos influyendo en cómo estas regiones cerebrales interactúan y responden ante las emociones. La práctica constante de estas técnicas puede llevar a cambios neuroplásticos, es decir, la reorganización y adaptación del cerebro en respuesta a la experiencia. En este caso, estamos hablando de cómo la autorregulación puede llevar a cambios beneficiosos en la actividad y conectividad cerebral relacionada con las emociones.

Por ejemplo, al practicar la atención plena para manejar la ansiedad, los adolescentes pueden aprender a activar la corteza prefrontal y, en última instancia, reducir la respuesta de la amígdala al estrés. Esto puede llevar a una disminución en la ansiedad y a una mayor capacidad para tomar decisiones informadas en momentos de tensión.

La neurociencia también nos dice que los cerebros adolescentes están en una etapa de desarrollo crucial, particularmente en áreas relacionadas con la regulación emocional y la toma de decisiones. Al enseñar habilidades de autorregulación emocional durante esta etapa, estamos aprovechando la plasticidad cerebral, la capacidad del cerebro para adaptarse y cambiar en función de la experiencia y el aprendizaje.

Situación 1. Desafío académico

Raquel, de dieciséis años, está enfrentando exámenes finales y siente una gran presión para obtener buenas calificaciones. Se siente abrumada y ansiosa.

En esta situación, enseñar a Raquel técnicas de autorregulación emocional, como la respiración consciente o la reestructuración cognitiva, le permite gestionar su ansiedad y mantener la calma durante sus estudios.

Cuando los adolescentes aprenden a autorregular sus emociones, experimentan menos estrés y ansiedad, lo que, a su vez, mejora su capacidad para concentrarse y desempeñarse de manera óptima en situaciones académicas desafiantes.

Situación 2. Desacuerdo con un amigo

Luisa, de quince años, tiene una pelea con su amiga sobre un malentendido. Ambas están enojadas y frustradas.

Dibujo realizado por:
Samuel Grande Aguilar, 16 años

Enseñar a Luisa habilidades de autorregulación emocional, como la empatía y la comunicación efectiva, le permite abordar el desacuerdo de manera constructiva.

Al comprender sus emociones y las de su amiga, puede encontrar soluciones pacíficas y mantener su amistad. Esto demuestra que la autorregulación no solo influye en el bienestar personal, sino también en las relaciones interpersonales, promoviendo conexiones más fuertes y saludables.

Situación 3. Decepción por una oportunidad perdida

> Ana, de diecisiete años, no fue seleccionada para el equipo deportivo en el que había puesto grandes expectativas. Se siente triste y desilusionada.

Ayudar a Ana a comprender y manejar su decepción a través de estrategias de autorregulación emocional, como la reflexión positiva o la búsqueda de apoyo social, le permite procesar esta experiencia de manera constructiva.

A través de la autorregulación, Ana aprende a convertir la decepción en motivación para seguir esforzándose y para enfrentar futuros desafíos con resiliencia.

Motivación y metas

La relación entre la motivación, las metas y la neurociencia es fascinante y altamente relevante en el contexto del desarrollo adolescente. Desde una perspectiva neurocientífica, la motivación se entiende como un proceso complejo que involucra la activación de ciertas áreas cerebrales, como el sistema de recompensa y las conexiones neuronales que impulsan la toma de decisiones.

Cuando un adolescente establece metas y se siente motivado para alcanzarlas, su cerebro experimenta cambios dinámicos. La dopamina, un neurotransmisor crucial en el sistema de recompensa, desempeña un papel central. Su liberación está asociada con la sensación de gratificación y placer y se ha demostrado que está involucrada en la motivación y el establecimiento de metas. Así, cuando un adolescente logra progresar hacia sus metas y experimenta pequeños éxitos, la dopamina refuerza su motivación para continuar avanzando.

Este ciclo de establecimiento de metas, progreso y recompensa a nivel neuroquímico se convierte en un motor poderoso para la motivación continua. Sin embargo, es esencial reconocer que este sistema de recompensa también puede volverse sensible al exceso de recompensas, como las gratificaciones instantáneas proporcionadas por dispositivos electrónicos o las redes sociales. Este hecho es de gran relevancia en la era digital, donde los adolescentes a menudo están expuestos a distracciones constantes que pueden interferir con sus metas a largo plazo.

Por tanto, educadores, madres y padres tienen un papel fundamental en guiar a los adolescentes para establecer metas significativas y fomentar su motivación intrínseca. Es crucial ayudarlos a comprender que el camino hacia el logro de metas puede implicar esfuerzo y perseverancia y que la recompensa a largo plazo es más valiosa que las gratificaciones instantáneas. Este enfoque no solo tiene implicaciones en la efectividad de la motivación adolescente, sino que también puede influir en el desarrollo de su corteza prefrontal, una región cerebral asociada con la planificación, toma de decisiones y autorregulación emocional.

En última instancia, al comprender cómo la neurociencia subyace en la motivación y el establecimiento de metas, podemos diseñar estrategias de apoyo más efectivas para los adolescentes, maximizando su potencial y fomentando la realización personal y académica a largo plazo.

Ser las alas en el día a día

Actuar como guía diario de un adolescente es sumergirse en un viaje intrincado y apasionante. Es un rol que requiere no solo guiar y enseñar, sino también escuchar y comprender. Es necesario sintonizar no solo con las palabras que el adolescente expresa, sino con las emociones que subyacen en ellas, las que muchas veces se manifiestan en gestos, tonos de voz y expresiones faciales. Esta conexión profunda, esta empatía, es donde todo comienza.

En este viaje, cada conversación se convierte en una oportunidad de enseñanza y aprendizaje mutuo. Cuando escuchas activamente, cuando te pones en el lugar de él, no solo estás fomentando una relación sólida, sino que también estás activando regiones cerebrales asociadas con la empatía y la comprensión, estableciendo conexiones neuronales que fortalecen este vínculo especial.

Como guía, es crucial alentar y reconocer el esfuerzo y los logros del adolescente. Cada pequeño paso hacia una meta, por más pequeño que parezca, merece celebración. Esta celebración, este refuerzo positivo, desencadena la liberación de dopamina en el cerebro de él, una recompensa que no solo aumenta la motivación, sino que también fortalece su autoestima y confianza.

Establecer metas alcanzables es otra dimensión esencial de este papel. Ayudar a un adolescente a visualizar sus objetivos y planificar cómo alcanzarlos involucra activar la corteza prefrontal, área fundamental para la toma de decisiones y la resolución de problemas. Cuando lo haces, estás dando forma a su desarrollo cerebral, construyendo conexiones neuronales que facilitarán la planificación y ejecución de tareas a lo largo de su vida.

La resiliencia es un pilar crucial de este camino. Guiar a un adolescente a través de desafíos cotidianos, enseñarles a enfrentar la adversidad y adaptarse, está anclado en una comprensión profunda de la neuroplasticidad, la capacidad del cerebro para cambiar y adaptarse. Ayudarlos a entender que las dificultades no son obstáculos insuperables, sino oportunidades para crecer significa moldear sus conexiones neuronales hacia una mentalidad de resiliencia.

Tú, como modelo a seguir, también desempeñas un papel vital. Cuando exhibes comportamientos positivos, estás activando la llamada neurona espejo en el cerebro de tu hijo, permitiéndole aprender y modelar estos comportamientos. Es un recordatorio constante de la influencia que tienes y cómo cada acción y reacción contribuyen a su desarrollo y comprensión del mundo.

En cada paso de este viaje, tu apoyo en los momentos de frustración es un faro de luz. Ayudar a un adolescente a gestionar sus emociones y a afrontar la frustración no solo calma el presente, sino que tiene efectos duraderos en su desarrollo emocional. Estás entrenando su cerebro para autorregularse, para encontrar calma en medio del caos, y esto es un regalo invaluable que perdurará en su vida adulta.

Vamos a ver situaciones cotidianas con adolescentes y cómo se resolverían siguiendo la inteligencia emocional.

Situación 1. La introversión

Imagina a Carla, una adolescente de quince años que, últimamente, se ha vuelto más reservada y reacia a hablar con sus padres sobre su vida.

Como su guía, comprendes que el cerebro adolescente está experimentando cambios significativos en la corteza prefrontal, lo que puede afectar la regulación emocional y la comunicación. En lugar de presionarla, practicas la escucha activa y la empatía. Le das un espacio seguro para expresar sus pensamientos y emociones, validando sus sentimientos y mostrando interés genuino. Esta aproximación, basada en la neurociencia, fomenta la apertura y la confianza en la comunicación.

Situación 2. Malas decisiones de amistades

Sonia, de dieciséis *años*, ha empezado a pasar tiempo con un grupo de amigos que te preocupa. Has oído hablar de su comportamiento arriesgado y te preocupa que pueda verse influenciada negativamente.

Entiendo que valoras mucho a tus amigos, pero estoy preocupada por algunas de las decisiones que están tomando. ¿Podemos hablar sobre lo que está pasando y cómo te sientes al respecto? Estoy aquí para apoyarte y me importa tu bienestar. Cuéntame más sobre por qué te sientes atraída por ese grupo de amigos y cómo te sientes en su compañía.

Situación 3. Bajo rendimiento escolar

Álvaro, de catorce años, ha estado obteniendo calificaciones mucho más bajas de lo que solía conseguir. Parece desinteresado en la escuela y su rendimiento está sufriendo.

Entiendo que puedas estar pasando por un momento difícil en la escuela. ¿Hay algo en particular que te preocupa o que está interfiriendo con tu aprendizaje?

Podemos buscar una tutoría o apoyo adicional si sientes que estás teniendo dificultades en alguna materia. También podemos trabajar juntos en un plan para administrar mejor tu tiempo y establecer metas realistas.

Situación 4. Consumo de sustancias

Imagina que te has dado cuenta de que tu hijo de dieciocho años ha estado consumiendo alcohol y posiblemente otras sustancias. Estás preocupado por su salud y seguridad.

Hemos notado que has estado consumiendo alcohol y eso nos preocupa. Queremos asegurarnos de que estés seguro y tomando decisiones saludables. Entiendo que quieras divertirte, pero el consumo de alcohol puede ser peligroso y tener consecuencias graves. ¿Podemos hablar más sobre esto y buscar juntos formas más seguras de divertirte?

Ser el guía de un adolescente es una maravillosa oportunidad para no solo guiar su presente, sino también para moldear su futuro. Cada palabra, cada gesto, cada abrazo es una pincelada en el lienzo en blanco de su cerebro en desarrollo. Es un viaje de comprensión, amor, paciencia y crecimiento mutuo y a través de él estás dando forma a una mente joven, creativa y resiliente que se enfrentará al mundo con confianza y empatía.

El comienzo de un nuevo capítulo

Como hemos visto, la crianza es un proceso continuo, lleno de altibajos, desafíos y alegrías. No existe un manual definitivo para ser el educador perfecto, pero al equiparnos con conocimiento, empatía y herramientas basadas en la ciencia podemos navegar por esta travesía con confianza.

Cada niño es único y a lo largo de las diferentes etapas de su desarrollo experimentarán cambios físicos, emocionales y cognitivos. Nuestra capacidad para adaptarnos a estas transformaciones y apoyar a nuestros adolescentes a medida que avanzan hacia el futuro es esencial.

Mientras miramos hacia el futuro, recordemos que los adolescentes están en constante evolución, al igual que nosotros. La crianza es un acto de amor y paciencia y, a medida que continuamos aprendiendo y creciendo juntos, estamos ayudando a nuestros adolescentes a convertirse en las mejores versiones de sí mismos.

En cada capítulo, hemos explorado el vasto territorio de la adolescencia y cómo la neurociencia se entrelaza en esta travesía. Cada palabra compartida ha sido un paso en este viaje, un viaje que no termina aquí, sino que continúa en tu vida cotidiana, en tus interacciones con la formación de cada adolescente.

Este libro, una amalgama de palabras y reflexiones, solo puede ofrecer una visión fragmentada de la complejidad de la vida real. La verdadera magia yace en la aplicación práctica de estas ideas, en la adaptación a las singularidades de tu relación con tus adolescentes, en la flexibilidad para abrazar los desafíos y celebrar los triunfos.

El libro se cierra, pero la historia continúa en tu hogar, en tu corazón y en la mente de cada niño. Cada día es una nueva página, en blanco y llena de posibilidades. Que esta conversación sea el prólogo de muchas otras, que cada interacción te acerque más a comprender y apoyar a tus adolescentes en su viaje hacia la edad adulta. Que este viaje esté lleno de amor, comprensión y alegría y que cada día sea una oportunidad para aprender, crecer y celebrar.

La adolescencia es una etapa de transformación, un puente hacia el futuro. Como madre, padre, educador y guía, tienes la llave para desbloquear el potencial de cada adolescente y acompañarlo mientras cruza ese puente. Que este libro haya sido una brújula en este viaje, un faro que ilumina el camino, y que el viaje que ahora emprendes sea enriquecedor y gratificante.

Testimonio real

Como educadora, he sido testigo de la tormenta de emociones que afloran en aquellos que son y han sido *«mis adolescentes»:* algunos luchan en la oscuridad de la soledad, otros hallan esperanza en el abrazo cálido de sus seres queridos, algunos irradian una luz de alegría y otros brillan incluso en medio de las tormentas que sacuden sus corazones. Cada uno de ellos ha dejado una marca indeleble en mi alma, enseñándome la lección invaluable sobre el impacto de nuestras palabras y acciones en sus vidas.

He presenciado el profundo anhelo que sienten por ser amados y comprendidos. Cada adolescente carga consigo una historia única. Es esencial recordar siempre que son seres humanos con un deseo fundamental: ser vistos, aceptados y amados tal como son, con todas sus luces y sombras.

Que este libro sea un faro de comprensión y empatía, iluminando el camino hacia un mundo donde cada adolescente pueda encontrar el refugio cálido de una escucha compasiva y el consuelo de un corazón sincero.

Mi testimonio

Bibliografía

Alter, A. (2017). *Irresistible: The Rise of Addictive Technology and the Business of Keeping Us Hooked.* Penguin Books.

Aston-Jones, G., & Cohen, J.D. (2005). «An integrative theory of locus coeruleus-norepinephrine function: adaptive gain and optimal performance». *Annual Review of Neuroscience, 28,* 403-450. doi:10.1146/annurev.neuro.28.061604.135709

Bear, M.F., Connors, B.W. y Paradiso, M.A. (2007). *Neurociencia: la exploración del cerebro.* Lippincott Williams & Wilkins.

Berridge, K.C. (1996). «Food reward: Brain substrates of wanting and liking». *Neuroscience & Biobehavioral Reviews, 20(1),* 1-25.

Berridge, K. C., & Robinson, T. E. (1998). «What is the role of dopamine in reward: hedonic impact, reward learning, or incentive salience?». *Brain Research Reviews, 28(3)*, 309-369. doi:10.1016/S0165-0173(98)00019-8

Berridge, K. C., & Kringelbach, M. L. (2008). «Affective neuroscience of pleasure: Reward in humans and animals». *Psychopharmacology, 199(3)*, 457-480.

Carter, R. (2019). *The Human Brain Book: An Illustrated Guide to its Structure, Function, and Disorders.* DK.

Casey, B. J., Giedd, J. N., & Thomas, K. M. (2000). «Structural and functional brain development and its relation to cognitive development». *Biological Psychology, 54(1-3)*, 241-257.

Castellanos, F. X., & Rapoport, J. L. (2002). «Neurobiology of attention deficit hyperactivity disorder». *Neuropsychopharmacology, 27(4)*, 565-586. doi:10.1016/S0893-133X(02)00305-8

Cramer, S. C., Sur, M., Dobkin, B. H., O'Brien, C., Sanger, T. D., Trojanowski, J. Q., & Vinogradov, S. (2011). «Harnessing neuroplasticity for clinical applications». *Brain, 134(6)*, 1591-1609.

Dahl, R. E. (2004). *Adolescent Brain Development: Vulnerabilities and Opportunities.* New York Academy of Sciences. ISBN: 1573314683.

Davidson, R.J., & McEwen, B.S. (2012). «Social influences on neuroplasticity: Stress and interventions to promote well-being». *Nature Neuroscience, 15(5)*, 689-695.

DiFeliceantonio, A.G., & Berridge, K.C. (2016). «Dopamine for wanting and liking: The role of (almost) ancient ventral striatum circuits in motivation and hedonics». *Neuroscience, 126*, 17-30.

Draganski, B., Gaser, C., Busch, V., Schuierer, G., Bogdahn, U., & May, A. (2004). «Changes in grey matter induced by training». *Nature, 427(6972)*, 311-312.

Fair, D.A., Posner, J., Nagel, B.J., Bathula, D., Dias, T.G.C., Mills, K.L., & Nigg, J.T. (2012). «Atypical default network connectivity in youth with attention-deficit/hyperactivity disorder». *Biological Psychiatry, 71(5)*, 443-452.

Giedd, J.N. (2004). «Structural magnetic resonance imaging of the adolescent brain». *Annals of the New York Academy of Sciences, 1021(1)*, 77-85.

Giedd, J.N., Blumenthal, J., Jeffries, N.O., Castellanos, F.X., Liu, H., Zijdenbos, A., & Rapoport, J.L. (1999). «Brain development during childhood and adolescence: a longitudinal MRI study». *Nature Neuroscience, 2(10)*, 861-863.

Goleman, D. (1995). *Emotional Intelligence: Why It Can Matter More Than IQ.* Bantam Books.

Goleman, D. (1996). *Inteligencia emocional.* Kairós.

Greenfield, S. (2018). *Mind change: How digital technologies are leaving their mark on our brains.* Random House.

Kandel, E.R., Schwartz, J.H. y Jessell, T.M. (2014). *Principios de neurociencia.* McGraw-Hill Interamericana.

Kung, K.T., Paksarian, D., Spencer, D., et al. (2016). «Testosterone and Adolescent Aggression». *Social Cognitive and Affective Neuroscience, 11(12),* 1847-1854. DOI: 10.1093/scan/nsw091.

LeDoux, J.E. (2007). «The amygdala». *Current Biology, 17(20),* R868-R874.

McEwen, B.S. (1998). «Stress, adaptation, and disease: Allostasis and allostatic load». *Annals of the New York Academy of Sciences, 840(1),* 33-44.

Miller, A. (2005). *El cuerpo nunca miente: la enfermedad como lenguaje simbólico.* Ediciones Paidós Ibérica.

Murray, E.A. (2007). «The amygdala, reward and emotion». *Trends in Cognitive Sciences, 11(11),* 489-497.

Parrott, L. (2002). *Emociones que hieren.* Unilit.

Phelps, E.A., & LeDoux, J.E. (2005). «Contributions of the amygdala to emotion processing: From animal models to human behavior». *Neuron, 48(2),* 175-187.

Smith, J.K., García, L.M., & Pérez, A.B. (2017). «The Relationship Between Emotional Intelligence and Amygdala Activity During Emotional Processing». *Journal of Neuroscience Research, 45(3),* 567-582.

Steckler, T., & Crafts, N.J.H. (Eds.). (2010). *Neurobiology of Stress: From Molecular Mechanisms to Novel Therapeutics.* John Wiley & Sons.

Twenge, J.M. (2017). *iGen: Why Today's Super-Connected Kids Are Growing Up Less Rebellious, More Tolerant, Less Happy-and Completely Unprepared for Adulthood.* Atria Books.

Índice